锂电池回收产业专利导航

中国工业节能与清洁生产协会新能源电池回收利用专业委员会◎指导编写

中国科学院青海盐湖研究所◎组织编写
青海中科盐湖科技创新有限公司

葛 飞◎主编

知识产权出版社
全国百佳图书出版单位
—北京—

图书在版编目（CIP）数据

锂电池回收产业专利导航/中国科学院青海盐湖研究所，青海中科盐湖科技创新有限公司组织编写；葛飞主编. —北京：知识产权出版社，2023.9

ISBN 978-7-5130-8835-0

Ⅰ.①锂…　Ⅱ.①中…②青…③葛…　Ⅲ.①锂电池—废物综合利用—研究　Ⅳ.①X76

中国国家版本馆 CIP 数据核字（2023）第 135753 号

内容提要

本书对锂电池回收的概念和内涵、产业诞生背景、产业发展现状、全球主要国家和地区锂电池回收政策进行了简要介绍。对全球和中国锂电池回收专利态势、重点技术和重点专利权人进行了分析。针对青海省锂资源丰富的特点，重点分析了青海省锂电池回收专利的现状。最后结合青海省产业发展的特点，对青海省锂电池回收产业的发展路径提出了建议。

责任编辑：韩　冰　　　　　　　　责任校对：潘凤越

封面设计：邵建文　马倬麟　　　　责任印制：孙婷婷

锂电池回收产业专利导航

中国工业节能与清洁生产协会新能源电池回收利用专业委员会　指导编写
中国科学院青海盐湖研究所　　　　　　组织编写
青海中科盐湖科技创新有限公司
葛　飞　主编

出版发行：知识产权出版社有限责任公司	网　　址：http://www.ipph.cn
社　　址：北京市海淀区气象路 50 号院	邮　　编：100081
责编电话：010-82000860 转 8126	责编邮箱：hanbing@cnipr.com
发行电话：010-82000860 转 8101/8102	发行传真：010-82000893/82005070/82000270
印　　刷：北京九州迅驰传媒文化有限公司	经　　销：新华书店、各大网上书店及相关专业书店
开　　本：787mm×1092mm 1/16	印　　张：12.75
版　　次：2023 年 9 月第 1 版	印　　次：2023 年 9 月第 1 次印刷
字　　数：242 千字	定　　价：89.00 元
ISBN 978-7-5130-8835-0	

编 委 会

Preface / 序 言

随着国家碳达峰、碳中和时间表与路线图的明确，实现工业绿色低碳转型进入关键时期。锂电池在新能源汽车和储能等领域的广泛应用，对推动能源清洁低碳安全高效利用、工业绿色发展和促进产业链供应链协同稳定等方面起着重要的作用。近年来，我国锂电池行业不断加快技术创新和转型升级发展，不断提升先进产品供给能力，不断拓展应用领域，持续保持快速增长态势。而随着产品的更新迭代和工艺水平的发展限制，锂电池产品在正常使用一定年限后就会退役，如何做好退役锂电池的回收利用，既是当前也是今后需要特别关注并加以解决的问题。

大力发展循环经济产业、有效回收利用退役锂电池，对保护生态环境、保障社会安全和提高资源综合利用具有重要意义。首先，锂电池通常含有锰、镍、钴等重金属和有机溶剂，随意丢弃或处理不当，会对环境造成污染，甚至损害人体健康。其次，退役锂电池长期存放会有高压触电、短路燃爆、漏液腐蚀等隐患，及时加以回收利用可以有效防止这些隐患的发生，保障社会安全。第三，目前我国对锂、钴、镍等资源进口需求较大，如果实现从退役锂电池中高效回收利用各金属元素，不仅能够减少资源的进口，还能够促进锂电池行业的循环可持续发展。

目前退役锂电池回收利用技术的难点在于既要体现高效环保，又要兼顾回收利用成本。其中包含的科学问题符合国家重大需求和经济主战场，是我国科研领域又一亟需攻克的技术难关。而且，在技术研究、产品开发过程中，用好专利文献，可以有效助力科研机构与企业从事研究开发、借鉴世界先进技术，拓宽视野，启迪发明思路，也可以避免重复研究，节约研究开发的时间和经费，还能有效地避免侵犯他人的专利权。

本书结合退役锂电池当前的回收利用现状及未来可能的发展趋势，从锂电池回收利用相关专利角度着手，调研了全球锂电池现有的相关回收利用技术和专利分布情况，对该领域的发展机遇与面临的挑战进行了总结和展望。全书共分为7章，第1章从锂电池回收利用的基本内涵出发，介绍了锂电池回收利用产业的诞生背景、发展现状、全球主要经济体关于锂电池回收利用的相关政策，以及对该产业的发展历程进行了综述，并在这一章的最后一个部分对本书所采用的研究方法进行了说明；第2~3章则主要对与锂电池回收利用相关的全球和国内专利进行了总览，内容涵盖了专利申请的趋势、地域分布、法律状态和主要申请人等方面的情况；第4章对锂电池回收利用重点技术进行了分析，包括电池正极材料和电解液相关技术专利的申请情况，以及针对同一领域的重点技术进行对比；第5章重点介绍了在锂电池回收利用领域，国内表现较为突出的一些科研机构、高校和企业近年来的专利申请情况及专利技术不同特点；第6~7章则对本地区（青海省）锂电池回收利用专利的相关情况进行了分析，并介绍了与锂相关的企业在青海省的布局和发展情况，以及近年来青海省为了促进锂资源产业健康发展所做出的政策上的一些调整和优化。

本书的作者葛飞同志长期扎根西部，在中国科学院青海盐湖研究所从事知识产权管理和成果转化相关工作，具有扎实的理论基础和丰富的实践经验。《锂电池回收产业专利导航》一书是继《中国盐湖锂产业专利导航》和《盐湖化工产业专利导航》两书之后，葛飞同志再一次从专利导航角度对锂电池回收利用产业发展进行深入调研和思考后的作品。本书将重点反映国内外锂电池回收与资源化利用相关专利的最新成果和进展，希望能对有志于从事锂电池回收利用研究的科研工作者和企业提供有价值的参考。

中国工业节能与清洁生产协会副会长

新能源电池回收利用专业委员会主任

2023 年 9 月 13 日于北京

Contents / 目　录

第1章

锂电池回收概况

1.1 锂电池回收的概念和内涵

锂电池回收是指使用锂电池的设备，其电池由于物理或化学的原因导致废旧、破损，对不再能够支撑设备正常运转或者使用时长远低于出厂性能的电池进行回收再利用的过程。现有的回收方式主要包括拆解回收和梯次利用。拆解回收是指将容量下降到 50% 以下、无法继续使用的报废电池进行集中回收，通过物理、化学等回收处理工艺循环，继续使用电池，或者将电池中具有利用价值的金属元素如锂、钴、镍等提取出来，然后将这些金属重新用于生产新的产品。当电池的性能下降到原始性能的 80% 以下时，对电池进行拆解，然后在一些相对温和的场合进行再利用的过程即为电池的梯次利用。

锂电池回收再利用是电池全生命周期中的重要一环，因为锂电池通常含有锂、镍、钴和有机溶剂，处理不当会对环境造成污染。而绿色、清洁、闭环、高效地回收废旧电池既可以减轻锂电池对环境和人体健康造成的潜在威胁，又可以为锂电池的生产提供原材料，促进电池行业健康可持续发展。在环境威胁方面，如作为正极材料的钴等重金属会改变环境酸碱度，电解质及其溶剂可能产生氟污染与有机物污染等，这些污染物不仅会对人体皮肤有腐蚀作用，还会对环境产生巨大的破坏作用。在资源回收方面，一般包括正负极材料、电解质、电解质溶剂、隔膜、黏结剂等的回收。同时，由于电池中的金属丰度远大于天然矿储，只要回收得当，这些回收的电池就会从"城市垃圾"变成优质的"城市矿山"，从而实现经济价值的最大化。因此，对废旧锂电池的回收再利用不论是在经济方面还是环境保护方面，都具有十分重要的意义。

1.2　锂电池回收产业诞生背景

从第一次工业革命到现在 200 多年的工业化进程中，化石能源一直占据着不可替代的地位。仅在 2018 年，世界化石燃料消耗量就到达 11743.6 百万吨油当量（Mtoe），占世界能源消耗量的 84.7%。根据国际能源署（IEA）的新政策情景，预计到 2040 年，世界能源总需求将增加到 17651 Mtoe，其中可再生能源将仅占 20%。然而，全球化石燃料在使用过程中释放了大量二氧化碳和其他温室气体，导致全球变暖。仅在 2018 年，全球燃料燃烧产生的二氧化碳排放量高达 33.1 Gt。为了解决与不可再生化石燃料燃烧相关的能源和环境问题，人类迫切需要可再生能源的开发和坚持可持续发展的方法。而交通运输（在 2017 年，交通运输就占据了全球温室气体排放总量的 24%）和能源的存储是解决这些问题的重要切入点。

锂电池由于其具有体积小、功率密度高、循环寿命长、电压高、自放电适中等优良特性，占据了电化学储能装置 90% 的市场。随着电池技术的进一步发展，预计锂电池的使用范围还将继续扩大，以满足新能源汽车对储能设备日益增长的需求，以及可再生能源如太阳能和风能在存储等领域的诸多应用。

在 21 世纪的前十年，全球锂资源总的消耗量并不大，主要集中在手机、便携式计算机、相机、手表等一些小型的电子产品当中。这些产品虽然种类繁多，但都因为价格相对较高，只在一些少数发达国家拥有较多的市场份额。虽然同时期也会面临着大量锂电池退役，但由于量小、分散、回收价值低等原因，锂电池的回收与再利用产业并没有引起太多人的关注。随着通信技术的不断发展和人们收入水平的不断提高，从 2012 年开始，全球智能 3C 电子产品出货量呈现爆炸式增长，手机数量从 2012 年的 7.24 亿台逐年增长至 2016 年的 14.72 亿台。而后，随着市场逐渐饱和以及手机创新能力的下降，手机出货量出现下跌趋势，但即便如此，到 2021 年，全球智能手机出货量仍为 13.50 亿台（见图 1-1）。据统计，2020 年全球智能手机活跃用户达 34.83 亿，并且这一数字还将不断增加。面对如此庞大的用户基数，人们不得不去关注废弃电子产品中资源的回收与利用问题。因此，退役锂电池回收工作也得到了极大的关注。

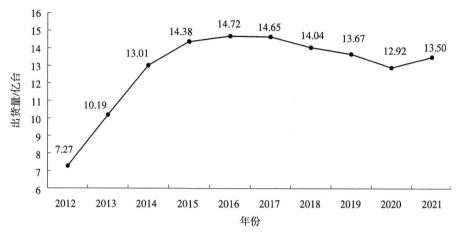

图 1-1　2012—2021 年全球智能手机出货量

除电子产品外，引起资本大量进入锂电池回收产业的另一个原因是新能源汽车行业的兴起与迅速发展。西方发达国家对新能源汽车的研究起步较早，在 2010 年前后，就有较多锂电池驱动的纯电动汽车开始由工厂投向市场，由于纯电动汽车对环境友好、零排放、噪声小等优点引发了汽车工业极大的震动，一场新能源革命由此展开。随后，新能源汽车在世界各国迅猛发展，纯电动汽车占比持续增加，并且大有取代传统化石能源汽车的趋势。从 2015 年开始，全球动力型锂电池产量迅猛增长，锂电池产品结构发生了显著变化，电子产品中锂电池的占比持续下降，动力电池中的锂电池占比则持续上升。到 2020 年，动力型锂电池已经成为锂电池行业的主导力量，占比达到锂电池产品的 53.7%。2020 年全球锂电池产品结构如图 1-2 所示。

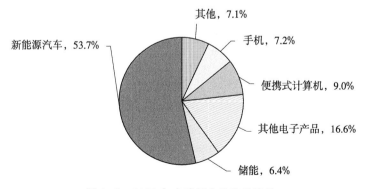

图 1-2　2020 年全球锂电池产品结构

我国从 2009 年开始关注并支持新能源汽车产业的发展，2012 年国务院发布《节能与新能源汽车产业发展规划（2012—2020 年）》，在一定程度上推动了新能源汽车行业的产业升级。在此期间，新能源汽车销量有所上升，但受技术和消费者传统观念的影响，纯电动汽车销量一般，发展缓慢。2015 年是我国新能源汽车产销的爆发元年，当年产量为 40.13 万辆，比 2014 年增长 291%，销量为 33.11 万辆，比 2014 年增长342.9%。此后，新能源汽车行业在政府补贴、大城市汽车上牌政策、国家大力支持相关产业发展等一系列政策的推动下，迎来了发展的高峰期。到 2018 年，我国新能源汽车保有量占据了世界新能源汽车总量的 45%。随着我国制定了将在 2030 年实现碳达峰，在 2060 年实现碳中和的目标，新能源汽车行业的发展进一步得到了国家的重视。截至 2021 年 11 月，我国新能源汽车年度累计产量已达 319.30 万辆，累计销量已达298.95 万辆，至此，新能源汽车总量超过了全球新能源汽车总量的 50%。

伴随着新能源汽车行业的快速发展，锂电池行业也呈现出惊人的发展态势。有分析指出，动力电池在新能源汽车生产过程中占整车成本的 30%~40%。面对如此巨大的锂电池需求，资源的有限性使得电池的主要生产原料价格一路飙升。2021—2022 年第一季度我国电池级碳酸锂和金属镍的市场平均价格变化如图 1-3 所示。

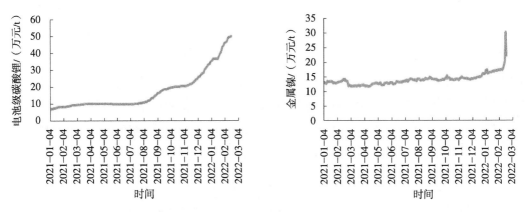

图 1-3 2021—2022 年第一季度我国电池级碳酸锂和金属镍的市场平均价格

资料来源：万得信息网。

黎宇科等在《车用动力电池回收利用经济性研究》中提到一般新能源乘用车的电池寿命为 4~6 年。即便是市面上最好的锂电池，服役年限一般为 8~10 年。当这些电池达到使用年限后将面临退役或报废。图 1-4 对我国 2018—2025 年新能源汽车销量和报废量进行了统计和预测，可以看出随着新能源汽车销量的上升，报废量也逐年上升。绿色和平组织以 5 年为锂电池的使用寿命，以 20% 功率损耗为退役条件，预测在 2025年当年全球退役锂电池规模将达到 463.19 GW·h；到 2030 年，全球退役锂电池总规模将达到 1.3 TW·h。我国预测退役锂电池在 2030 年可能达到 192.48 GW·h，2021—

2030 年退役锂电池总规模将达到 708 GW·h。

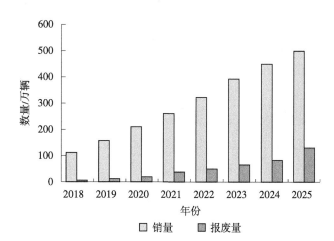

图 1-4　2018—2025 年我国新能源汽车销量和报废量统计及预测

在过去的十年里，新能源汽车的大量使用极大地推动了汽车产业革命不断向前发展，新能源汽车因其环保节能等优势成为解决能源危机和改善大气质量的重要窗口。如何预防退役电池给环境带来的二次污染成为新能源汽车产业发展过程中不得不考虑的一个重大议题。近二十年来，研究人员一直致力于开发高效、低成本、无污染的退役锂电池回收工艺。然而，可充电电池的不断开发和更新迭代对回收过程提出了许多挑战，使得原有的工艺并不能较好地适应新型电池的回收与再利用。这些退役废旧电池如何实现减量化、无害化和资源化，已成为产业界和科研界一个共同关注的话题。

1.3　锂电池回收产业发展现状

1.3.1　全球发展现状

随着动力电池、储能电池及电子产品不断更新迭代，报废和退役的锂电池数量也在不断攀升。全球众多企业、研究机构也都对锂电池的拆解回收与梯次利用表现出极大的兴趣，与锂电池回收相关的产业也在此背景下应运而生。由于锂电池的回收网络建设过程相对复杂，大部分国家和地区的锂电池回收体系都由政府部门主导或参与构建。

　　欧盟从 2014 年开始实施的电池指令 493/2012 号法案是目前全球范围内电池回收利用相关最为严格和完善的法规之一，该法案几乎涵盖了全部类型退役电池的回收过程。该法案明确规定生产电池的企业和第三方销售企业都应该积极承担回收电池的责任，对于收集的废旧电池必须进行资源循环和二次利用，禁止随意填埋。在电池梯次利用方面，国际上也有不少企业和政府部门积极参与相关工作，并在诸多领域取得了一些应用成果。例如，汽车行业的戴姆勒公司长期致力于建设世界上最大的二次利用固定式存储装置，公司研发的储能设备由约 1000 个废旧汽车电池制成，输出功率为 13 MW·h，该创新性尝试证明了动力电池梯次利用的可行性。此外，一些汽车企业也开始商业化使用二次电池的产品。汽车领导者日产汽车和电源管理领导者伊顿公司基于退役的日产 Leaf 电池设计了 "xStorage" 系统，以使每个人都能用上可靠且负担得起的家庭储能。"xStorage" 系统可以让消费者控制他们何时在家中使用能源。除了汽车制造企业，欧洲还有许多研究机构和地方政府也对电池二次利用的可行性进行了研究。

　　美国当前锂电池的回收业务主要由国家的大型项目进行支持，在国家实验室及部分资源回收企业主导下开展。在电池回收方面有较为完善的立法，且十分注重锂电池回收各部门之间的协同工作，采取的生产者责任延伸和消费者押金制度在退役锂电池回收的各个阶段都取得了较好的效果。同时依靠先进的回收处理工艺，使得锂电池回收的成本和经济效益都较为可观。从 2009 年开始，美国能源部便针对锂电池回收项目进行了立项，并提供了大量的启动资金；之后又宣布计划追加 2050 万美元投资用于专门回收退役的锂电池，其中有超过 3/4 的资金用于回收工艺的研发，该项目通过与美国阿贡国家实验室、美国国家可再生能源实验室和橡树岭国家实验室合作推动成立了锂离子电池回收中心（ReCell 中心）。该中心的成立主要是希望尽可能地回收电池正极材料中的锂、钴、镍这些金属元素，鼓励技术创新，包括废旧锂电池的收集、储存、运输以及最终的回收利用的各个环节。美国能源部为了提高废旧电池的回收利用率，在该项目内还特别推出 550 万美元的奖励资金，希望通过奖励来激励新技术开发，实现从废旧电池中回收 90% 关键材料的目标，从而最终降低美国在正极关键材料方面的对外依存度。

　　当前，在美国开展锂电池回收业务的主要有 Retrieve Technologies、INMETCO、On-To Technology 等几家有代表性的资源回收企业。Retrieve Technologies 的总部在美国俄亥俄州，生产线于 2013 年开始建设，到如今工艺已经相对成熟，但仍在积极寻求与美国其他企业进行合作。INMETCO 采用热还原法回收锂电池，是北美地区唯一一家使用该工艺的企业，该公司还尝试推行 "预付款电池回收计划"，希望进一步提高废旧电池的回收率。OnTo Technology 公司通过与美国阿贡国家实验室合作，在电池正极材料回收方面重点发力，通过不断实验探索论证了循环材料用于电池生产的可行性。

日本是典型的资源输入型国家，由于长期受原材料短缺的影响，一直十分重视资源的回收与二次利用。在 20 世纪 90 年代中期，日本就针对废旧电池回收进行了政策干预，并尝试构建退役电池回收网络。此后，对该系统不断进行改进，已建立当地独特的电池生产—销售—回收系统。日本已经建立了以电池企业为主、基于"逆向物流"理念的回收渠道。在这一回收渠道中，电池制造商通过零售店、汽车经销商和加油站等特殊场所从消费者手中获得二手锂电池，然后将其转移到专业的电池回收企业进行二次处理。为了规范废旧电池回收行业的发展，日本在本国的相关法律中出台了相应的规定。日本汽车制造企业丰田、日产和三菱也投资了锂电池回收的研究和新技术，以回应日本政府"新能源汽车制造商有义务回收废旧电池"的理念。

除了传统的汽车生产企业投身于锂电池的回收与二次利用，日本还有以"4R Energy"为代表的电池回收企业致力于研发退役电池的梯次利用（特别是在应急电源、储能等方面），4R Energy 公司提出的"再利用、再转售、再制造、再循环"的回收理念，具有良好的现实意义。该公司将高容量退役动力电池与太阳能电池板组合，对房顶辐射的太阳能进行收集和储存，该装置可以将退役电池作为住宅停电时的备用能源，在房屋节能功能上树立了电池梯次利用的范本。此外，由于日本的地震频发造成断电的现实因素结合退役动力电池可以作为应急电源，极大地促进了日本动力电池在梯次利用领域的发展。日本的电池梯次利用方式为全球动力电池的再利用提供了许多值得借鉴的经验。

近些年，韩国新能源汽车数量快速增长，在与汽车配套的充电桩等产业方面发展快速，电池回收业务虽然有增长，但也存在动力电池回收产业仍不健全，回收网络构建不完善等不足。韩国清洁空气保护法案规定，所有购买新能源汽车并获得补贴的消费者必须将新能源汽车的电池归还给当地政府。然而，韩国对新能源汽车报废电池的回收过程仍然没有明确的规定。因此，韩国在新能源汽车报废电池回收的存储区域的规格、运输和回收标准等方面还缺乏法律依据。针对这一情况，有韩国学者提出，可以借鉴欧洲的先进经验，计划实施"以厂商为主体的延伸责任"制度，希望通过一定的政府补贴，实现锂电池的高效回收。值得注意的是，中国的格林美股份有限公司参与了韩国锂电池回收的部分工作。

鉴于锂电池回收的必要性和紧迫性的现状，许多著名企业也相继搭建了锂电池回收的生产线，表 1-1 列出了其中 3 家比较具有代表性的企业。

表 1-1　全球先进的锂电池回收代表企业

国家	企业名称	回收材料	工艺特点	发展情况
比利时	Umicore	钴、镍、铜等	高温热解，金属组分还原熔炼并以合金形式回收，后采用硫酸浸出和溶液萃取。不需要机械处理，但损失率高	全球最大的金属回收和锂电池材料企业，比利时总部年处理电池 7000 t；2012 年与丰田公司签署协议，对其动力电池进行回收
美国	Retrieve Technologies	锂、钴、镍等	低温处理、机械破碎和湿法冶金处理相结合。破碎后浸入卤水中，多次湿式振动分离出铜、钴、锂	锂电池回收已有 20 多年的历史，锂电池累计回收量超过 1.1 万 t；针对特斯拉 Roadster 动力电池组，可回收 60% 的材料
日本	住友	镍、铜	基于原有镍铜冶炼工艺	全球最大的高镍三元锂电池材料企业，2011 年与丰田公司合作回收镍氢电池，可回收电池组中 50% 的镍，2017 年 7 月宣布成为日本第一家成功从锂电池中回收镍和铜的企业

1.3.2　中国发展现状

自 2006 年起，我国锂电池产业每年以 20%～30% 的速度快速增长，其中大多为车用动力锂电池。随着新能源汽车推广力度不断加大，我国电动汽车的数量急剧增长，动力电池的报废量也呈现快速上升态势。根据统计部门的统计数据，2018 年我国理论动力电池报废量为 6 万 t，而回收的仅有 1.35 万 t，回收率仅为 1/5 左右。当时虽然废旧电池回收行业已具备一定的规模化再生利用能力，但由于回收网络构建不完善，大多数废旧动力电池依旧难以流入正规回收渠道，使得电池回收率远没有达到预期水平。到 2020 年，动力电池退役报废量超过 20 万 t，但动力电池回收体系依旧存在短板，使得锂电池的整体回收率提高得非常慢。很多小商贩在没有取得经营许可的情况下，钻了逃税和无环保投入等"空子"，从事废旧锂电池的非正规拆解回收工作，这类拆解不仅不能实现资源的有效回收，还可能带来环境污染的隐患；而真正具备资质的正规企业却由于运营成本高、环保投入大的原因，反复陷入回收困难、回收数量不足的不利处境。另外，普遍存在回收处理工艺较为落后，不同类型的电池兼容性差的工艺局限性。

然而随着国家开始对锂电池回收这一问题逐步重视，一系列法律法规相继颁布，扶持相关企业发展的政策也陆续出台，锂电池回收产业迎来了发展的增长期。据企查查数据显示，截至 2022 年上半年，我国现存动力电池回收企业共计 1.5 万家。2020 年全年，我国新增动力电池回收相关企业 2579 家；2021 年上半年，我国新注册动力电池回收相关企业 9435 家，同比增长 261.2%。在 2021 年 10 月，宁德时代新能源科技股份有限公司（以下简称"宁德时代"）公告了广东邦普循环科技有限公司（以下简称"广东邦普"）一体化新能源产业项目，该项目规划包含 30 万 t 电池循环利用生产基地，预计 2027 年建设完毕。2021 年 8 月，格林美股份有限公司于投资者关系活动中表示，计划 2025 年回收 25 万 t 动力电池。2021 年 6 月，天奇自动化工程股份有限公司（以下简称"天奇股份"）公告投资建设以废旧锂电池原料为主导，年产 3 万 t 三元前驱体及 1.2 万 t 电池级碳酸锂的项目，包含 5 万 t 废旧磷酸铁锂电池拆解回收利用生产线；2021 年 8 月，天奇股份公告扩产技改项目，最终形成年处理 5 万 t 废旧锂电池的生产能力。

当前参与锂电池回收的企业有很多，较为大型的有像宁德时代这种自建回收体系的电池生产企业、以格林美（湖北）新能源材料有限公司（以下简称"湖北格林美"）为代表的专门从事电池回收拆解利用的企业，以及像赣锋锂业股份有限公司（以下简称"赣锋锂业"）这类电池上游原材料提供商。随着新能源汽车产业链的持续膨胀，相关公司在切入动力电池回收利用领域的同时，也在上游的电池材料生产领域不断发力，为回收的废旧电池的再生利用提供了有力保障。从回收环节的细分领域看，在拆解方面，湖北格林美、湖南邦普循环科技有限公司（以下简称"湖南邦普"）等建立了自动拆解工艺流水线，节约了人力资源，实现了高效快速拆解。北京赛德美资源再利用研究院有限公司（以下简称"北京赛德美"）在电解液和隔膜拆解回收工艺方面有较强的研发能力。国内锂电池再生利用以湿法冶金及物理修复法为主。在湿法提取废旧电池正极金属方面，湖南邦普研发了"定向循环和逆向产品定位"工艺，湖北格林美研发了"液相合成和高温合成"工艺。在电池拆解方面，北京赛德美对电池单体进行自动化拆解、粉碎及分类处理，再通过材料特有的修复工艺得到电池的正负极材料。在行业内部，各企业展现出各有所长的特点。

此外，多家电池企业和汽车企业也纷纷布局锂电池回收业务。2021 年，汽车巨头宝马公司宣布，将与专业的电池运输和电池回收企业深化合作，在中国建立完整的经销商高压动力电池回收管理流程。这一流程从经销商回收高压电池开始，物流供应商将这些电池运输到具有相关资质的企业进行评估。特斯拉公司也在其官网推出了电池回收服务，提醒客户不得随意处置其所购买的特斯拉车辆上的任何动力电池。特斯拉公司会把回收的锂电池交给专业的工厂去处理，保证绝不做填埋焚烧，并且可以实现100%的回收利用。

综上所述，国内的锂电池回收行业具有以下特点：①报废量大，回收率较低；②民众回收意识不强，电子产品中的锂电池长期处于闲置状态；③相关指导政策多，但缺乏落实、落地；④回收技术相对落后，回收成本高；⑤回收企业多，但回收渠道和回收网络建设尚不完善等。

通过对锂电池回收产业现状的分析，不难发现政府主导或政策干预是实现退役电池高效回收最为重要的手段，而动力电池生产企业和汽车企业是参与退役动力电池回收最为重要的责任主体。国内锂电池回收领域的起步较晚，但也随着新能源汽车行业的发展而迅速追赶。在回收工艺方面，国外以干法为主，国内则长期以湿法为主。

1.3.3 青海省发展现状

青海省是名副其实的锂资源大省，锂储量占我国总储量的2/3以上。如何开发利用好这一资源，一直受到国家和地方政府的高度重视。多年来，青海省一直在积极谋划如何将资源优势转化为产业优势，思考如何从单纯的钾肥资源开发到镁、锂、硼等资源的综合利用开发，深度整合盐湖资源。通过招商引资，一批知名企业落户青海省，锂储能产业链逐步形成，随着产业规模的逐步扩大，千亿级锂产业基地的发展蓝图全面展现。青海省还依托西宁（国家级）经济技术开发区、柴达木循环经济实验区等原有工业基础，吸引了一批极具创新活力的高新技术企业，这些企业不仅促进了锂电池相关产业的蓬勃发展，还极大地促进了盐湖资源的综合开发与利用。

出于全产业链协同发展的需要，青海省在废旧锂电池回收方面走在了西部地区的前列。当前在青海省参与锂电池回收的主要企业及经营情况如下。

1. 青海比亚迪实业有限公司（西宁市）

青海比亚迪实业有限公司成立于2016年7月，由深圳市比亚迪锂电池有限公司100%持股。2019年9月，青海比亚迪实业有限公司对动力电池材料生产及回收项目进行了公示。该项目主要采用固相法生产2.7万t/年的三元镍钴锂电池正极材料和处理1000 t/年的废旧铁电池拆解回收（铁电池为深圳市比亚迪锂电池有限公司的磷酸铁锂电池，非高铁酸盐为正极材料的电池），不进行各类材料的再生。

2. 青海快驴高新技术有限公司（西宁市）

青海快驴高新技术有限公司成立于 2015 年 10 月，原名青海快驴电动汽车科技有限公司，是一家以蓄电池及新能源汽车研发/租赁运营管理、软件开发及服务、动力锂电池材料研发及生产为主的企业。

2016 年 7 月，公司动力锂电池正极材料生产项目（一期）环境影响评价第二次公示，项目产品为镍钴锰酸锂三元材料，生产规模为 900 t/年。

2017 年 1 月，公司失效锂电池循环再生利用项目环境影响评价公众参与信息公示。项目建设地点位于青海省西宁（国家级）经济技术开发区甘河工业园区西区，建设规模为年处理 3000 t 锂电池回收。主要产品产量为碳酸锂 3600 t/年、五水硫酸铜 11600 t/年、镍钴锰锂材料前躯体 14060 t/年，副产品为偏铝酸约 4373 t/年、硫酸钠 87500 t/年。

2017 年 8 月，公司变更经营范围，去掉锂电池材料业务，变更为废旧金属回收利用。公司分期建设年处理能力 3 万 t 失效锂电池回收项目，已完成电池有价金属，如镍、钴、锰的回收利用试验，生产出的锂电池正极材料等产品已获得下游客户认可。

青海省在 2018 年被工业和信息化部等多部委确立为新能源汽车电池回收试点省份，由青海省多部门组织编制的《青海省新能源汽车动力蓄电池回收利用试点实施方案》经工业和信息化部审核批准，并于同年开始实施。青海快驴高新技术有限公司为该方案的实施主体。

3. 青海华信环保科技有限公司（格尔木市）

青海华信环保科技有限公司成立于 2010 年 1 月。2020 年 7 月，公司废旧锂电池正极材料无害化处理及资源综合回收利用产业化示范项目环境影响评价第二次公众参与公示。

除以上企业在青海省有锂电池回收产业的生产线外，青海省也有高等院校和科研院所与企业合作从事锂电池回收的研发工作。2022 年 4 月，经青海省科学技术厅组织专家评定，由中国科学院青海盐湖研究所承担的废旧锂电池资源化回收关键技术研究项目通过评定。针对锂电池回收行业缺乏专用设备、回收工艺冗长、"三废"排放强度大等行业共性问题，依据锂电池的组成和电芯结构特点，项目研究团队研发了废旧锂电池精准分选与短流程再生技术，并建成了 500 t/年废旧锂电池资源化回收中试线。

该项目开发的废旧锂电池资源化回收技术，有望缓解当下大量废旧锂电池退役带来的环境压力。在电池拆解—物流归集—再生利用的系统流程中，采用物理分离工艺，减少化学试剂的使用，避免回收过程中对环境造成二次污染。实现了废旧锂电池有价金属综合回收利用，最大限度地发挥了废旧锂电池的资源属性。该科技成果对青海省乃至全国的锂电池回收工艺的研发起到了良好的示范作用。

1.3.4　锂电池回收产业联盟

产业联盟回收模式是指参与动力电池产业电池全生命周期的各个环节的企业组成联盟对电池进行回收，再转交给电池处理企业进行回收再利用的商业模式，如美国的便携式充电电池协会、德国的 GRS 基金、欧洲电池联盟、欧洲汽车和工业电池生产者联盟等。产业联盟可以集中动力蓄电池回收利用企业、新能源整车企业、动力电池企业、材料企业、用户企业、设备企业以及高等院校、科研院所和社会团体等各方所特有的优势，最大限度地做到废旧电池的无害化、资源化处理。未来，产业联盟的发展模式有望成为锂电池回收的主流方式。

全球电池联盟是全球最大的电池技术交流平台之一，长期致力于发展全球可持续的电池价值链。全球电池联盟遵循十项指导原则，内容涵盖电池材料的生产、消费、循环回收等多个方面，甚至还包括温室气体排放的透明度及其逐年减少排放的计划。此外，该联盟还在开发电池护照，在全球范围内安全共享信息和数据，向消费者证明企业责任和发展的可持续性。

2019 年，我国成立了"动力电池回收与梯次利用联盟"，首批成员包括日本、韩国等国家的新能源汽车、动力电池回收利用企业、科研院所及多家企事业单位等。动力电池回收与梯次利用联盟一直致力于推动联盟成员探索经济效益好、资源利用率高、注重环保的废旧动力电池回收的多元化模式，鼓励成员单位开发具有自主知识产权、对产业有重大影响的通用技术。组织成员单位制定动力电池回收的集团标准和规范，加强技术标准的基础研究，协助国家和行业完成标准的修订工作；建立联盟单位产学研有效合作的新机制，开展多种行业内技术交流活动；组织联盟成员单位互学互鉴，借鉴国内外先进技术和管理经验，实现资源合理配置和高效对接。在此基础上，国内一些省份也建立了一些产业联盟，以便更好地发展当地的新能源汽车产业。

在行业层面，蔚来汽车科技有限公司（以下简称"蔚来汽车"）与宁德时代、国泰君安证券股份有限公司（以下简称"国泰君安"）等企业共同投资了武汉蔚能电池资产有限公司（以下简称"武汉蔚能"），该公司致力于电池的全生命周期管理，在电池的梯次利用方面不断发力寻找突破点。随着电池性能的不断提高，相信会有越来越多的整车企业进入电池回收这个领域，从而降低新能源汽车电池的生产成本。从当前该领域的布局看，资源、材料、电池、新能源汽车等产业链上、下游企业均在积极开展电池再生利用的布局，第三方的资源回收企业也纷纷追加投资。随着动力电池报废高潮的临近，各企业投资建厂及资本收购等动作逐渐密集。由于动力电池回收责任机制和电池回收利用的系统性、复杂性，通过战略联盟和产业链上、下游的合作是实现资源回收的有效手段。我们也有理由相信产业联盟是实现锂电池高效回收再利用的必然趋势。

1.3.5　锂电池回收技术标准

为了更好地规范锂电池行业的发展，欧洲电池联盟制定了《电池战略行动计划》，内容涵盖了从电池原材料到电池回收利用的全过程。发布的 BATTERY2030+ 的愿景是，发明未来的电池，并为欧洲工业提供整个价值链的竞争优势。国外专门针对车用动力电池回收利用的技术标准较少，但有关锂电池回收的法律法规基本涵盖了锂电池回收过程中的各项技术要求。

德国作为欧盟重要成员国，其锂电池回收的立法依据基本参照欧盟标准。例如，德国循环经济法，主要是根据欧盟废物框架指令 2008/98/EC 制定的；德国电池法，基本是按照欧盟电池指令 2006/66/EC 制定的。这些与电池回收相关的法律法规规定了生产者、消费者和回收者在电池回收过程中相应的责任和义务。此外，电池制造商和进口商必须登记电池的所有信息，经销商应逐步完善电池回收机制，用户也有义务将废弃电池移交给专门的回收机构。由此，从源头上不断落实生产者责任延伸制度，完善了电池回收制度建设。

美国对废旧电池的回收利用主要通过市场行为进行调节，政府立法起辅助性管理作用，通过法律规定电池生产企业对退役电池的回收负主要责任。美国国际电池协会通过制定押金制度，敦促消费者主动将废旧电池产品送至回收机构；通过逐步完善的电池回收利用网络，提高电池回收率。为了对废旧电池进行更高效的回收，美国还特别针对废旧电池的回收从联邦、州和地方三个层面进行立法，前些年这些立法主要针对镍镉电池、小型密封铅酸电池，近些年又逐步增加锂电池及其他类型电池，形成了一套完整的电池回收利用管理制度，逐步规范了废旧电池的生产、收集、运输和储存等过程，以最大限度地降低电池对环境产生的危害。与此同时，积极开展动力电池梯次利用与回收技术研究及经济效益评估，也是美国实现废旧电池高效回收的重要手段。

美国能源部在2019年成立锂离子电池回收中心，试图构建电池闭环回收系统，直接回收利用废旧电池材料，消除开采电池原材料和处理废旧电池产生的污染，最大限度地减少能源的消耗和浪费。

日本高度重视退役锂电池的回收与再利用，在新能源汽车还未普及的2000年便开始着手布局"电池生产—销售—回收—再生处理"的废旧电池回收利用体系。经过多年的发展，明确了电池生产企业为电池回收利用的主要参与者；同时，通过政府财政对电池生产企业给予回收补助，设立专项奖金激励汽车生产企业重视研究动力电池回收利用技术，提高电池回收企业的积极性。

欧洲、美国、日本等在废旧电池回收方面的相关法律法规较为健全，已基本建立了完整便利的回收网络，但由于动力电池出现时间晚，增长迅速，各项技术标准尚在完善当中。

随着退役电池数量的增加，我国也开始重视退役电池的后续处理。近年来出台了多个梯次利用的相关标准。GB/T 34013—2017规定了电动汽车上动力电池、模块和标准盒的尺寸和规格；GB/T 34014—2017规范了车用动力电池编码的编码对象、编码结构、数据载体，为退役锂电池的可追溯性和唯一性奠定了基础。除国家标准外，一些梯次利用企业成立的协会，如中国电力企业联合会（CEC）、中关村储能产业技术联盟（CNESA）及中国通信企业协会（CACE）等，也发布了一些行业标准。表1-2汇总了我国部分锂电池回收的相关技术标准。

表1-2 锂电池回收技术标准

标准号	标准名称	发布日期	实施日期
GB 21966—2008	锂原电池和蓄电池在运输中的安全要求	2008/6/13	2009/7/1
GB/T 22425—2008	通信用锂离子电池的回收处理要求	2008/10/7	2009/4/1
GB/T 26493—2011	电池废料贮运规范	2011/5/12	2012/2/1
GB/T 26932—2011	充电电池废料废件	2011/9/29	2012/5/1
GB/T 33059—2016	锂离子电池材料废弃物回收利用的处理方法	2016/10/13	2017/5/1
GB/T 34015—2017	车用动力电池回收利用　余能检测	2017/7/12	2018/2/1
CB/T 33598—2017	车用动力电池回收利用　拆解规范	2017/5/12	2017/12/1
GB/T 34014—2017	汽车动力蓄电池编码规则	2017/7/12	2018/2/1
GB/T 33598.2—2020	车用动力电池回收利用　再生利用　第2部分：材料回收要求	2020/3/31	2020/10/1

标准号	标准名称	发布日期	实施日期
GB/T 34015.2—2020	车用动力电池回收利用　梯次利用　第2部分：拆卸要求	2020/3/31	2020/10/1
GB/T 38698.1—2020	车用动力电池回收利用　管理规范　第1部分：包装运输	2020/3/31	2020/10/1
GB/T 33598.3—2021	车用动力电池回收利用　再生利用　第3部分：放电规范	2021/10/11	2022/5/1
GB/T 34015.3—2021	车用动力电池回收利用　梯次利用　第3部分：梯次利用要求	2021/8/20	2022/3/1
GB/T 34015.4—2021	车用动力电池回收利用　梯次利用　第4部分：梯次利用产品标识	2021/8/20	2022/3/1

这些技术标准充分体现了国内相关部门对锂电池回收的重视，内容包括锂电池回收利用过程中所涉及的各个环节，是实现锂电池回收再利用的有力保障。

1.3.6　锂电池回收途径现状

对于废旧锂电池回收渠道的建设，发达国家实行以市场调节为主、政府约束为辅的回收政策。电子产品的锂电池由于体积小、方便携带，回收渠道建设借鉴了许多铅蓄电池、锌锰电池的先进经验，在回收方面取得了较好的成果，而退役动力电池由于出现的时间还较短，当前许多国家的回收渠道还在构建当中。

德国非常重视锂电池生产企业在电池回收领域发挥的作用，在锂电池回收渠道建设方面比较完善。德国最大的共同回收系统基金组织成员包括电池生产商和经销商近2600 家，仅在 2012 年，废旧电池回收就超过了 14511 t，回收率达到了 43.6%。该组织通过不断增加电池回收点，在超市、商场均设有该组织的绿色回收箱，即便是在偏远的乡村，每隔 1~2 km 也会有相应的回收点。同时，该组织通过三种安全标记分类收集电池，以便在运输和存储过程中采取不同的安全策略。绿色箱子收集普通电池，黄色箱子收集高能电池（500 g 以上的锂电池），红色箱子收集受损高能电池。

日本将电池生产方式逐步转变为"循环再利用"模式，企业作为回收行业的先锋最先参与到电池回收中。1994 年，日本的电池生产企业开始推行废旧电池回收计划，规定每位参与者都要尽可能多地回收废旧的电池，在零售商、汽车经销商或者加油站这些常见的服务站点积极向消费者回收废旧的各类电池，回收的路线选择与销售路线相反。从 2000 年起，日本政府规定生产企业应对镍氢电池和锂电池的回收负责，并基于资源回收面向产品的设计；电池回收后运回电池生产企业进行处理，政府给予生产企业相应的补助，以提高企业回收废旧电池的积极性。此外，日本有很多本土企业也参与到电池回收过程中。通信公司也联合成立了锂电池自主回收促进会，该组织在联合声明中表示其有责任推动锂电池的回收利用工作，争取大幅提高锂电池的回收率。

美国当前主要有三个电池回收渠道，包括电池制造商根据已知的销售渠道对废旧电池进行逆向回收，政府环保部门和工业部门等则主要针对废旧电池中的特定物质（如废旧铅蓄电池中的废铅）进行收集再处理，以及专业的废旧电池回收公司专门针对废旧电池进行二次开发。通过上述三个回收渠道回收的废旧电池都由具有处理资质的专业公司进行回收处理，以避免回收标准混乱，处理工艺不环保而产生二次污染。针对废旧电池回收，美国在 1994 年成立了一家由可充电电池生产商和销售商组成的带有公益性质的公司——美国可充电电池回收公司（RBRC）。该公司依靠众多的零售店逐步构建系统的废旧电池收集网络。RBRC 的回收方式主要包括零售回收方案和社区回收方案两种，并且通过对废旧电池运送和回收进行资助，以提高电池的回收率。此外，美国还组建了便携式可充电电池协会（PRBA），通过多种渠道向公众科普电池回收的相关科学知识，提高公众对废旧电池回收的重视程度，这也成为电池回收渠道建设过程中的重要一环。

我国在电子产品锂电池回收渠道建设方面相对滞后，有人曾在 2017 年做过一项调查，有 59.6%的受访者将废旧锂电池存放在家中，比这个情况更糟糕的是 93.8%的受访者不知道将废旧锂电池扔到哪里。这种情况主要归因于缺乏废旧锂电池收集系统。一般来说，废旧电子电气产品逆向物流系统中所涉及的利益相关者，包括小商贩、二手店、维修店、收集站和中间商，他们都不会特意收集废旧锂电池，因为这类废旧电子电气产品被视为低价值物品或垃圾。结果导致正式的电池处理器要么在盈亏平衡点下运行，要么转向生产废品。由于所用方法和技术的限制，非正式的电池处理器不处理电子产品中用过的锂电池。

动力电池由于其体积大、装机量集中，报废或退役后的流向也十分明确。回收前端主要包括个人车主、企业车主、测试电池企业等，回收中端则有回收网点、4S 店、二手市场及电池厂和车厂。理论上动力电池回收的难度远小于电子产品中的锂电池，然而事实和预想的不一样，2018 年我国动力电池回收率不到 1/4。即便到了 2021 年，我国锂电池理论回收量应为 59.7 万 t，但实际回收量只有 23.6 万 t。

出现这样反常现象的原因有很多，最主要的是我国锂电池回收产业运营模式不规范问题长时间得不到解决。包括回收机制不健全，绝大多数废旧电池未能进入正规回收渠道；电池生产厂家多而杂，产品的质量和规格都不统一，对电池的梯次利用存在巨大阻碍；动力电池回收成本高而利润低，大部分大型企业不愿意进行大规模投资；电池属于危险化学品，对产品的运输条件有明确要求，运输成本高。此外，回收技术不成熟，收购网络不完善，管理措施不健全，支持政策不到位，下游消费者零散分布等问题也制约着国内锂电池回收产业发展。

　　总的来说，当前我国在锂电池回收渠道和回收网络建设方面确实还有很多关键性问题需要解决。一方面需要政府加强立法规范市场行为，另一方面也需要加强锂电池回收网点建设，提高公众环保意识。只有全方位、多角度发力去着手解决回收过程中的各项难题，才能逐步实现锂电池的高效回收。

1.4　全球主要国家和地区的锂电池回收政策

　　从通信设备电池到动力及储能电池，锂电池回收产业经过了长期的发展，国际上对于不同的废旧锂电池的回收方法已经形成了很多行业规范。例如，全球很多国家和地区要求企业在进行废旧电池回收时，要遵循"3R 战略"和"4H 原则"。"3R 战略"是指再设计（Redesign）、再使用（Reuse）、回收（Recycle），主要是针对退役后仍具有一定能量的电池模组进行模块结构的重新设计，以制造能够满足客户的不同电压或电量要求的新电池组，经过再加工的电池梯次利用，应用于所需能量密度较低的场景，如通信基站、风力发电站储能等。对于梯次利用结束后以及无法梯次利用的废旧锂电池，回收工艺需要遵循"4H 原则"，即高效（High efficiency）、高安全性（High safety）、高经济效益（High economic return）、高环境友好性（High environmental benefit）。虽然世界各国都认识到锂电池回收工作的必要性，但具体回收过程还受新能源汽车产业发展、技术积累、政策法规、社会环境和经济条件等诸多因素的共同影响，因此锂电池的回收率存在巨大的差距。欧美日等发达国家和地区不仅是储能电池的生产和消费主要地区，同时也是储能电池回收利用的重要市场，下面将对这些国家和地区的锂电池回收政策进行简要分析。

1.4.1 欧洲地区及主要国家锂电池回收政策

欧盟在锂电池回收方面颁布了许多法规，主要包括电池指令（BD）、报废车辆指令（ELV）和废弃电子电气设备指令（WEEE）这三项。欧盟成员国——德国制定的循环经济法也要求遵循废物框架指令的要求。ELV 和 WEEE 颁布后，经历了多次修订。涉及的电池门类也不断增加，其中电子产品中的锂电池按 WEEE 处理，将电池取出后，根据电池指令中的相关条款进行回收。ELV 中则要求对电池按照规范标识，以便进行梯次利用。

欧盟电池指令 91/157/EEC 自 1991 年初次被制定并实施，在 1993 年初次修订为欧盟电池指令 93/86/EEC，本次修订要求采用国际标准设置回收利用标识，以便更加高效地回收废旧电池。1998 年，欧盟再次修订该指令，提出欧盟电池指令 98/101/EEC，要求各国对各类含有危险物质的电池进行回收。2006 年，又修订颁布了欧盟电池指令 2006/66/EC，彻底取代欧盟电池指令 91/157/EEC，在原来的基础上对欧盟各国的电池回收率做出明确规定。2013 年，欧盟又颁布了取消无线电动工具电池的镉豁免并要求纽扣电池中不得添加汞的补充指令 3013/56/EU。2014 年 1 月，欧盟开始实施电池指令 493/2012 号法案，成为电池回收行业的一个重要节点。此外，欧洲电池联盟、欧洲汽车和工业电池生产者联盟是欧洲开展动力电池回收的两个主要机构，这两个机构在制定相关法律和政策咨询方面发挥了积极作用。欧盟动力电池回收处理相关法规见表 1-3。

表 1-3 欧盟动力电池回收处理相关法规

发布时间	名称	主要内容
1991 年	含有某些危险物质的电池与蓄电池指令 91/157/EEC	禁止含汞量超过 0.025% 的碱性电池的销售（纽扣电池除外）；电池或蓄电池应标明其重金属含量；重金属含量超过一定水平（汞>25 mg/cell，镉>0.025%，铅>0.4%）的电池或蓄电池应标注特别符号以表明需单独回收；回收费用由生产者承担
2006 年	电池、蓄电池、废电池及废蓄电池指令 2006/66/EC	生产者必须在有关部门登记，电气设计应使电池易于拆除，方便消费者将其交到回收点；禁止对工业应用和汽车用废弃电池进行掩埋或焚化；禁止销售汞含量超过 0.0005% 或镉含量超过 0.002% 的电池或蓄电池；2012 年欧盟电池最低回收率应达到 25%，2016 年达到 45%，废除欧盟电池指令 91/157/EEC

发布时间	名称	主要内容
2008 年	欧盟电池指令修订案 2008/98/EC	对欧盟电池指令 2006/66/EC 进行部分修订,对废旧电池类别进一步细分,明确了电池回收等级
2013 年	欧盟电池指令修订案 2013/56/EU	进行部分修订,取消纽扣电池的汞含量特权和无线电动工具的镉豁免特权

德国是发展循环经济起步最早、水平最高的国家之一,在废旧电池回收利用方面也长期走在世界前列,已经颁布循环经济法、电池法和报废汽车回收法等。在相关政策的要求下,德国生产企业迅速行动起来,开展动力电池回收利用活动。法律规定德国境内的电池生产企业和进口商必须在政府登记并积极承担退役电池回收的相关工作,电池销售商需配合生产企业回收废电池,消费者有义务将废旧电池交给指定的回收机构。此外,消费者在购买电池时需要支付押金,通过建立基金有力促进电池回收的市场化体系,规定电池的使用者有义务在电池报废后将电池交给指定的回收点。电池生产企业与使用者,协商各自担负的回收经费。德国环境部还资助了 LiBRi 和 LithoRec 两个项目,用来推动废旧动力电池资源化利用。此外,德国于 1998 年成立的 GRS 基金会,是欧洲最大的便携式电池回收机构,该组织从 2010 年开始回收工业上常见的一些可充电电池,随着动力电池的大量使用,未来极有可能将新能源汽车动力电池纳入该体系回收。其他欧洲国家电池回收的法律法规也较多,受本书篇幅所限此处不再展开叙述,仅在表 1-4 中对欧洲主要国家电池回收相关法律法规内容进行汇总。

表 1-4 欧洲主要国家电池回收相关法律法规

国家	时间	名称	主要内容
法国	2014 年	环境法典	落实欧盟 WEEE 指令,生产者必须为产品所产生的废物负责,明确了电池回收要求
英国	2012 年	废弃电气电子设备法规	生产多于 5 t 的电气设备就需要加入"生产商合规计划",电池生产商需为电池的回收与无害化处理提供资金
德国	2000 年	电池法	生产者/进口商必须组织回收废电池
德国	2006 年	报废汽车回收法	在收到报废车辆后,拆解工厂应及时拆除电池
西班牙	2015 年	关于废弃电气和电子设备的皇家法令	建立国家工业注册处,要求生产商对废弃设备的回收负责。生产者可以自己建立符合要求的回收系统,也可以加入专门的回收系统

1.4.2　美国锂电池回收政策

美国不仅有完善的电池全生命周期法律框架，而且在回收网络方面也有相对完善的回收体系和技术规范。为了通过健全的回收法律框架实现废旧电池的回收，美国主要在联邦、州和地方各级构建法律体系。在联邦层面有资源保护和再生法案、清洁空气法、清洁水法及含汞电池和可充电电池管理法（以下简称"电池法"）。其中，前三项主要用于借助许可证对电池制造商和废旧电池回收企业实施监管，而电池法是美国联邦层面规范废旧电池生产和运输等环节的主要法案，要求电池制造商在其产品和设计上添加明显的标记，以便于拆卸和回收。在州层面，美国大部分州都采用了美国国际电池协会提出的电池回收条例，要求电池生产企业与全产业链主体签订协议，通过价格机制引导零售商、消费者等参与废旧电池回收，并建立惩罚机制。例如，1989年纽约州颁布的回收法和2005年加利福尼亚州颁布的可充电电池回收和再利用法都要求电池零售商回收消费者的废旧电池。在地方层面，美国大多数市政议会也会制定电池回收的法律法规，以减少废旧电池对生态环境的危害。

1.4.3　日本锂电池回收政策

日本主要从法律法规和政府补贴两个方面规制和推动废旧电池回收利用。在电动汽车产业链上，构建循环经济模式。日本主要有三个层面的法律法规：第一层是基本法，即建立循环型社会基本法；第二层是综合性法律，包括废弃物管理和公共清洁法、资源有效利用促进法、资源回收利用法和再生资源法；第三层是专法，包括根据行业报告产品性质制定的专门法律法规，如汽车回收法。日本政府积极采取措施，推动电池生产企业建立"电池生产销售—回收—回收处理"的回收体系，并对电池处理厂提供一定数额的补贴。日本完善的发展循环经济的法律法规体系（见表1-5）为动力电池的回收利用提供了良好的标准。日本的相关法律不仅明确了电池回收的责任和义务，还从规范生产流程入手，确保电池回收的顺利发展。日本规定，电池生产企业有责任回收镍氢电池和锂电池；电池生产企业应配合电池经销商和电池用户收集废旧电池；在生产之初，二次电池应设计为可回收。日本对车用动力电池和储能电池没有明确的法律法规，但在资源有效利用促进法、节约能源法、再生资源法等法律法规的监督和推动下，日本初步建立了"电池生产—销售回收—再生处理"的电池回收体系，采用

"终极回收拆解机"模式建立锂电池回收系统。

表 1-5　日本涉及动力电池的相关法律法规

名称	主要内容
建立循环型社会基本法	规定了国家、地方政府、企业和一般国民在循环型经济社会所应承担的责任：政府构筑循环型经济社会的基本计划；企业减少"循环资源"产生并对其进行循环利用和处理；地方政府具体实施限制废弃物排出并对其进行分类、保管、收集、运输、再生处理等；国民尽可能延长消费品使用时间，对地方政府或企业的回收工作给予配合
废弃物管理和公共清洁法	整顿废弃物的处理体制和处理设施，防止不适当处理；推行产业废弃物管理票单制度，记载废弃物从排出者、中间处理者到最终处置者的情况；禁止私自焚烧废弃物；产业废弃物的排出者要制定废弃物的减量和处理计划
资源有效利用促进法	制定 3R 计划：减少废弃物（Reduce），设计时要考虑小型、轻便、易于修理，减少资源浪费，延长产品寿命；部件再使用（Reuse），再使用的部件应标准化，经修理或再生后可再使用；循环（Recycle），生产者有回收废旧产品循环利用的义务
再生资源法	明确镉镍电池和干电池的回收路线，即消费者回收至再生处理企业
报废汽车再生利用法	形成"资源—产品—再生资源"的良性循环，促进报废汽车及各部件的合理处理和再生利用

1.4.4　中国锂电池回收政策

对于废弃动力电池的回收，我国的法律最早可以追溯到 1995 年颁布的《固体废物污染环境防治法》，该法主要为了防治固体废物污染环境，促进生态环境保护和社会经济可持续发展。2003 年发布的《废电池污染防治技术政策》进一步从生产、收集、运输等方面对废电池的回收利用做出规定，但由于当时锂电池在全国的用量并不大，因此该技术政策只是重点强调了对铅蓄电池的一些重要规定。随着新能源汽车产业的形成，动力电池回收的相关政策也在不断被完善。表 1-6 对相关法规及政策进行了汇总。

表1-6 2006—2021年我国颁布的一系列有关锂电池回收的法规及政策

时间	发布主体	名称	主要内容
2006年	国家发展改革委等	《汽车产品回收利用技术政策》	电动汽车（含混合动力汽车等）生产企业负责回收、处理其销售的电动汽车的蓄电池，对从事报废汽车处理业务的企业实行核准管理制度，从事收集、拆解、利用、处置报废汽车的单位，必须申请领取许可证
2009年	工业和信息化部	《新能源汽车生产企业及产品准入管理规则》	新能源汽车生产企业准入条件及审查要求应当建立完整的销售及售后服务管理体系，包括政策和零部件（如电池）回收
2012年	国务院办公厅	《节能与新能源汽车产业发展规划（2012—2020年）》	制定动力电池回收利用管理办法，建立动力电池梯次利用和回收管理体系，引导动力电池生产企业加强对废旧电池的回收利用，鼓励发展专业的电池回收利用企业
2014年	国务院办公厅	《关于加快新能源汽车推广应用的指导意见》	研究制定动力电池回收利用政策，探索利用基金、押金、强制回收等方式促进废旧动力电池回收，建立健全废旧动力电池循环利用体系
2015年	工业和信息化部	《汽车动力蓄电池行业规范条件》	回收系统企业应会同汽车整车企业研究制定可操作的废旧动力电池回收处理、再利用方案
2016年	国家发展改革委等	《电动汽车动力蓄电池回收利用技术政策（2015年版）》	在现有资金渠道内对梯次利用企业和再生利用企业的技术研发、设备进口给予支持，支持动力蓄电池相关回收利用技术和装备的研发
2016年	工业和信息化部	《新能源汽车废旧动力蓄电池综合利用行业规范条件》	明确废旧电池回收责任主体为生产者，加强行业管理与回收监管
2016年	环境保护部	《废电池污染防治技术政策》	明确了锂离子电池再生处理必须具备危险废物经营许可证方可运行；鼓励研发电池逆向拆解成套设备，锂离子电池的隔膜、金属产品和电极材料再生处理装置等新技术
2016年	工业和信息化部等	《关于加快推进再生资源产业发展的指导意见》	开展新能源汽车动力电池回收利用试点，建立完善废旧动力电池资源化利用标准体系，推进废旧动力电池梯次利用
2017年	国务院办公厅	《生产者责任延伸制度推行方案》	到2020年，重点品种的废弃产品规范回收与循环利用率平均达到40%。到2025年，重点产品的再生原料使用比例达到20%，废弃产品规范回收与循环利用率平均达到50%。建立电动汽车动力电池回收利用体系

续表

时间	发布主体	名称	主要内容
2017 年	工业和信息化部	《新能源汽车生产企业及产品准入管理规定》	新能源汽车生产企业应当建立新能源汽车产品售后服务承诺制度，包括电池回收
2017 年	工业和信息化部等	《促进汽车动力电池产业发展行动方案》	适时发布实施动力电池回收利用管理办法，强化企业在动力电池生产、使用、回收、再利用等环节的主体责任，逐步建立完善动力电池回收利用管理体系
2017 年	标准委等	《电动汽车用动力蓄电池产品规格尺寸》《汽车动力蓄电池编码规则》《车用动力电池回收利用　余能检测》	使动力电池产品规格尺寸、编码规则和回收利用余能检测有标准可依
2017 年	标准委等	《车用动力电池回收利用拆解规范》	回收拆解企业应具有相关资质，进一步保证动力电池安全、环保、高效地回收利用
2018 年	国家发展改革委	《汽车产业投资管理规定》	重点发展动力电池高效回收利用技术和专用装备，推动梯次利用、再生利用与处置等能力建设。新建车用动力电池单体/系统投资项目应配套建设车用动力电池回收管理体系，采用先进适用的技术工艺及装备
2018 年	工业和信息化部等	《关于做好新能源汽车动力蓄电池回收利用试点工作的通知》	建立回收服务网点，与电池生产、报废汽车回收拆解及综合利用企业合作构建区域化回收利用体系。做好动力蓄电池回收利用相关信息公开，采取回购、以旧换新等措施促进动力蓄电池回收
2018 年	工业和信息化部等	《新能源汽车动力蓄电池回收利用试点实施方案》	完善动力蓄电池回收利用体系，形成动力蓄电池回收利用创新商业合作模式。支持中国铁塔公司等企业结合各地区试点工作开展动力蓄电池梯次利用示范工程建设
2018 年	工业和信息化部等	《新能源汽车动力蓄电池回收利用管理暂行办法》《新能源汽车动力蓄电池回收利用溯源管理暂行规定》	规定了电池的回收利用管理机制，各地区也发布了电池回收处理制度，明确规定了车企要承担主体回收责任，即"谁制造谁回收"
2019 年	工业和信息化部	《道路机动车辆生产企业准入审查要求》《道路机动车辆产品准入审查要求》	提出企业应建立废旧动力蓄电池稳定的回收渠道，确保废旧动力蓄电池安全回收
2019 年	工业和信息化部等	《关于加强绿色数据中心建设的指导意见》	在满足可靠性要求的前提下，试点梯次利用动力电池作为数据中心削峰填谷的储能电池

续表

时间	发布主体	名称	主要内容
2019 年	工业和信息化部	《新能源汽车废旧动力蓄电池综合利用行业规范条件（2019 年本）》《新能源汽车废旧动力蓄电池综合利用行业规范公告管理暂行办法（2019 年本）》	明确指出综合利用是指对新能源汽车废旧动力蓄电池进行多层次、多用途的合理利用，主要包括梯次利用和再生利用，让动力电池回收体系更加完善安全
2019 年	工业和信息化部	《新能源汽车动力蓄电池回收服务网点建设和运营指南》	明确指出新能源汽车生产及梯次利用等企业应按照国家有关管理要求建立回收服务网点，新能源汽车生产、动力蓄电池生产、报废机动车回收拆解、综合利用等企业可共建、共用回收服务网点
2020 年	商务部等	《报废机动车回收管理办法实施细则》	对动力电池回收利用做了进一步规定，要求回收拆解企业对报废新能源汽车的废旧动力蓄电池或其他类型储能装置进行拆卸、收集、贮存、运输及回收利用，加强全过程安全管理
2020 年	工业和信息化部	《京津冀及周边地区工业资源综合利用产业协同转型提升计划（2020—2022 年）》	加强区域互补，统筹推进区域回收利用体系建设。推动山西、山东、河北、河南、内蒙古在储能、通信基站备电等领域建设梯次利用典型示范项目。支持动力电池资源化利用项目建设，全面提升区域退役动力电池回收处理能力
2020 年	国务院办公厅	《新能源汽车产业发展规划（2021—2035 年）》	在动力电池循环体系方面，规划要求落实生产者责任延伸制度，加强新能源汽车动力电池溯源管理平台建设，实现动力电池全生命周期可追溯
2021 年	工业和信息化部等	《新能源汽车动力蓄电池梯次利用管理办法》	明确将对废旧动力蓄电池进行必要的检验检测、分类、拆分、电池修复或重组为梯次产品，使其可应用至其他领域的动力电池梯次利用方案

从表 1-6 可以看出，我国关于废旧电池的处理和新能源汽车行业发展的法律法规及政策内容十分丰富。特别是从 2015 年开始，国家在锂电池回收方面的法规增加得十分迅速。但是从实际效果来说，执行力度不够，公众的参与度较低。尚未形成专业锂电池回收网络，主要依靠废旧物品回收的方式粗放式地回收锂电池，造成了环境污染。

从历史发展的角度来看，我国电池回收工作政策制定相对滞后，前期存在许多资质不合格的小型企业回收体系混乱、回收制度不完善等问题。但在经济效益的吸引和各项法规政策的监督引导下，锂电池的回收体系也在不断完善。未来，相信在生产者责任延伸制度下，新能源汽车企业和动力电池生产企业将完善锂电池回收网络的建设，使其逐步实现体系化。

回顾全球动力电池回收行业的发展历程，可知政策是引导产业健康发展的"有形的手"，也是引导未来锂电池回收产业健康发展的重要因素。

1.5　锂电池回收技术发展简介

锂电池回收工艺主要分为四类：干法回收、湿法回收、生物回收及联合回收。国外主要采用干法回收，这种回收方法发展时间长，工艺相对成熟，在成本把控方面也有优势。国内主要采用湿法回收，主要是因为这种回收方法回收率高且能够对贵金属进行定向回收。生物回收尚处于初级发展阶段，技术发展仍不成熟。联合回收是对三种回收方法进行不同程度的组合。下面将围绕这四类技术的具体操作和工艺流程展开详细叙述。

干法回收是指在没有溶液和其他介质的情况下直接回收材料或有价值的金属。其中，主要使用的方法是物理分离和高温热解。物理分离法是指通过破碎、筛选、磁分离、细磨和分类，将电池拆卸和分离，收集电极活性物质、流体和电池壳等电池组件，从而获得有价值的高含量物质。物理分离法具有清洁环保、成本低等优势，但存在处理效率低和能力有限等缺陷。国内以天津赛德美新能源科技有限公司（以下简称"天津赛德美"）为代表的锂电池回收公司采用的就是物理分离法，其具体制造工艺流程如图 1-5 所示。

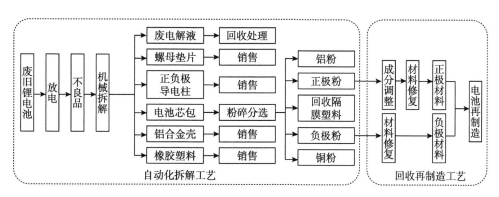

图 1-5　物理分离法制造工艺流程

高温热解（火法回收）的具体操作为，对电池进行放电，在温度高于 1000 ℃时对电池进行高温煅烧，将电池的隔膜、电解液、黏结剂、负极活性物质等通过高温方式进行脱除，熔点低的金属形成合金，其他的杂质则以炉渣的形式去除。对得到的合金经过溶液萃取获得价值较高的产物，将其作为原材料合成新的正极材料。以 Umicore 为代表的火法回收方法已具备成熟的工艺路线，其开发的 Val'Eas 工艺年处理废旧电池达 7000 t，包含高温熔炼技术和湿法冶炼技术。火法回收的优势是可以处理不同类型的废旧锂电池，其工艺对原料的组分要求不高，比较适合处理大量或较复杂的电池。其操作简单，也可实现大规模应用。但是其缺点也尤为明显，高附加值的负极活性物质只能作为助燃剂，且能耗大，回收率低，燃烧过程中释放大量的有害气体，会造成大气污染，加剧温室效应。在实际生产过程中，该工艺需要增加净化回收设备，吸收有害气体，防止产生二次污染。因此，也进一步增加了火法回收工艺的处理成本。其具体制造工艺流程如图 1-6 所示。

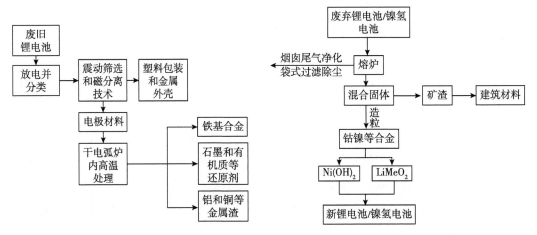

图 1-6 火法回收制造工艺流程

湿法回收主要是指采用酸碱溶液等媒介对电极材料中的金属离子进行提取，浸出到溶液中，再通过离子交换、沉淀、萃取、结晶等方法将溶液中的金属离子以金属化合物等形式提取出来。虽然化学工艺较为复杂，成本较高，但该工艺有价金属回收率高，工艺成熟，是直接拆解模式下动力锂电池回收处理的主要工艺。湿法回收工艺更适合回收化学成分相对单一的废旧锂电池，可单独使用，也可与火法回收结合使用。在中小废旧锂电池回收方面，湿法回收工艺稳定性较好，但不同类型的锂电池需要特殊的湿法工艺，且成本相对较高，环保要求也较高。国内以格林美为代表的电池回收公司采用湿法回收工艺，对电池的废料进行破碎分选，除去金属碎片，通过酸浸、萃取、分离得到各种目标金属盐溶液，然后通过共沉淀制备三元前驱体产品或由氯化钴制备碳酸钴，煅烧后制备四氧化三钴，含锂萃取液则用来制备锂盐产品。图 1-7 所示为一种典型的湿法回收制造工艺流程。

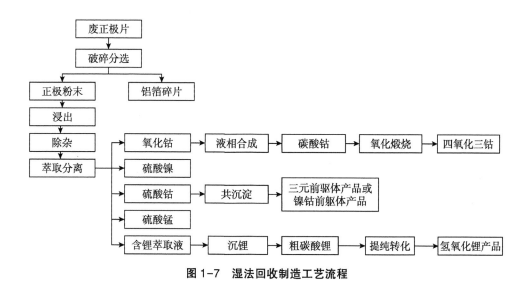

图 1-7　湿法回收制造工艺流程

生物回收以微生物为介质，将体系中有用成分转化为可溶性化合物，通过微生物代谢选择性溶解，从而实现目标组分与杂质组分的分离，最终回收有价值金属如锂、钴、镍等。生物回收具有成本低、能耗低、有价金属回收率高等特点，但该工艺的研究仍处于初级阶段，微生物真菌的培养难度大，浸出环境要求高。随着工艺成熟度的提高，用生物回收工艺从废旧电池中提取有用物质有望得到大规模应用。

由于废旧动力锂电池的化学和物理回收过程各有优缺点，回收对象也不相同，因此，许多企业和科研工作者表示，通过优化不同工艺，采用联合回收的方法，可以发挥各种基础工艺的优势，尽可能多地回收可再生资源，从而提高回收的经济效益。在国内，具有代表性的工艺是赣锋锂业改进的火湿联合处理工艺，该工艺将矿石提锂技术（高温煅烧、含氟废气处理）嫁接到磷酸铁锂电池回收中，形成了具有特色的高温—冶金联合处理铁锂技术，有效解决了含氟废气处理和高能耗问题。在国外，Al-Thyabat S 等参考从矿石中提取金属的工艺，提出了高温冶金、湿法冶金和物理分离相结合的退役锂电池联合回收工艺，以最大限度地回收有价值的资源。1993 年，Toxco 公司便实现了锂电池回收商业化。该公司主要采用机械和湿法冶金工艺对电池中的 Cu、Al、Fe、Co 等金属进行回收。日本的 OnTo 公司也开发了属于该公司特有的 Eco-Bat 工艺：首先将电池置于干燥、压力和温度适宜的环境中；将电解液溶解在液态二氧化碳中，并输送到回收容器中；然后通过调节温度和压力使二氧化碳蒸发，电解液从中逸出。该过程不需要在高温下进行，也具有节能的特点。该过程可以使用超临界流体二氧化碳作为载体，取出电池电解液，然后注入新的电解液，从而恢复锂电池的容量。图 1-8 所示为锂电池回收的联合回收制造工艺流程。

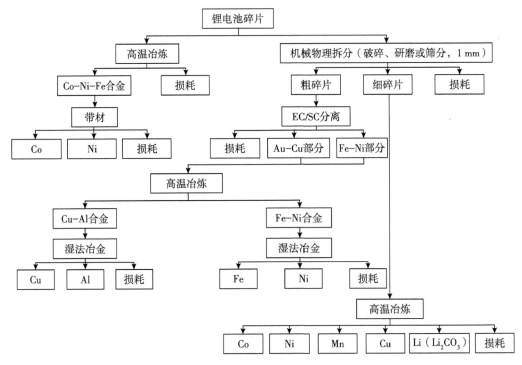

图 1-8 联合回收制造工艺流程

为了方便读者对比不同工艺之间的区别，表 1-7 列出了不同工艺的内容及优缺点等。

表 1-7 不同锂电池回收工艺对比

工艺	内容	优点	缺点
干法回收	不借助溶液等介质。实现所有材料或有价值产品的直接回收。干法回收最常用的技术手段是高温热解，即采用高温焚烧分解法去除胶黏剂，实现物料的高温分离和焚烧。电池中的金属及其化合物被氧化、还原和分解，热蒸气挥发。采用酸超缩聚法进行收集	利用高温热解法回收动力电池的原理简单，工艺简单，应用广泛；能够回收如汞、锌等多种重金属	高温热解法设备投入大，能耗高，处理成本高，回收效率低，有废气等二次污染和安全性的问题；主要处理三元电池
湿法回收	通过各种酸碱性溶液将金属离子从电极材料中浸出，再通过离子交换、沉淀、吸附等手段，分离并提取金属盐及氧化物	应用范围较为广泛，技术相对成熟且效率高；锂、钴、镍等有价金属和稀有金属的回收率和纯度较高；设备投资成本较低	化学试剂持续使用产生大量废水；工艺复杂且过程较长，容易造成整体成本上升

续表

工艺	内容	优点	缺点
生物回收	将系统有用组分转化为可溶化合物，选择性溶解，实现日常标准组分与杂质组分的分离，最终实现回收锂、镍和其他贵重金属	工艺简单，成本不高，环境友好，回收率高	尚处于起步阶段，菌种培养难度大；浸出条件复杂，存在很多不确定性
联合回收	通过精细机械拆分得到电池零部件后，将其进行修复，最终形成可复用的外壳、电解液、隔膜、铜箔、铝箔、正极粉、负极粉等	将合格的电池零部件直接供给到电池生产制造环节，能较好地控制化学污染	

1.6　研究方法说明

1.6.1　专利导航思路

专利信息导航分析，主要用于分析与产业所属领域联系紧密的专利文献。该方法可以用来预测未来技术的发展方向，确认技术上的主要竞争对手，判断产业的竞争态势。本书的目标是以专利信息为基础，结合产业信息、学术信息，梳理锂电池回收的发展方向，为青海省锂电池回收产业的发展提供建议。基于此，本书内容在实施上总体可分为两个基本模块。

1. 技术发展方向分析模块

以专利信息为主，结合前期调研获得的产业、技术等信息，研究产业结构规律调整、技术创新发展趋势、主要市场地域分布、国内外主要竞争对手的研发布局，明确锂电池回收产业的现状及发展趋势。并在综合分析全球及国内竞争现状的基础上，明确锂电池回收的关键技术，给出技术升级的方向和路径。

2. 产业发展路径和专利培育运营建议模块

在前述分析的基础上，针对青海省该产业的技术发展特点和需求，对比同行业主要竞争对手的专利信息，从技术创新、技术培育、专利运营等方面提出有针对性的导航路径和方法，给出专利优化路径和运营路径。并选取锂电池回收的重点技术和关键技术，对其技术研发方向、专利布局策略、专利分级管理等多方面给出建议，全方面提升青海省锂电池回收产业的运营能力和企业核心竞争力。

1.6.2　关键技术分解

通过对锂电池回收产业链以及技术链的分析，结合青海省技术在技术链中的位置，进一步将技术进行细分，形成了技术分解表（见表1-8）。基于该技术分解表，对数据进行检索、清理和标引后，共得到中外文献专利数据2620件，本书的后续分析基于上述检索结果展开。本书主要对锂电池回收技术分解表中的技术进行分析，包括竞争对手的专利技术分析。

表1-8　技术分解表

一级	二级	三级	四级
回收设备	拆卸、预处理、物质回收、系统（整体流程）		
工艺过程	干法回收、湿法回收、生物回收、修复再生、梯次利用		
	其他工艺	新提取技术、清洁低碳等	
前期处理	分离方法	磁选、物理过程、热解、裂解、酸浸等	
	拆卸		
	预处理		
物质回收	电解液回收处理		
	电芯回收	元素回收（正极）	锂、钴、镍、铝、其他金属
		负极	铜箔、石墨、碳粉、其他金属
		黏结剂	
	隔膜处理		
综合利用	多种材料回收		
	回收物质作为原料，合成新的化合物		

1.6.3　数据来源

本书数据来源于 Innojoy 专利搜索数据库，该数据库具有丰富的数据模块，用户可以查询和获取全球上百个国家、地区和组织的专利文献。本书分析的基础在于收集数据的类别、范围和时间，但在此基础上所涉及的数据并不能完全包含锂电池回收领域的所有数据。通过检索式的构建，我们选取了 IPC 主分类中与电池回收最相近的分类号进行限制，提高数据的相关性和准确度，避免引入过多杂质，但这也会导致数据不全或现有数据分析出的结果与实际有别，特此说明。

本书对国内外专利数据检索的截止日期为 2022 年 9 月 13 日。由于发明专利申请自申请日起 18 个月方可公布（事先主动要求公布的除外），而实用新型专利申请须经授权方可公布（公布日取决于审查期的长短），PCT 专利申请可能自申请之日起 30 个月或更长时间进入国家阶段（导致其相应的国家公布时间较晚），专利申请公布后经过编辑进入数据库需要一段时间，这在本书中技术申请数量年度变化趋势图中有所体现。总体而言，自 2021 年以来，专利申请量下降较为明显。

1.6.4　数据检索与标引

为了快速全面地从专利数据库中检索到相关专利，本书的检索方法采用结构化检索，即将各检索要素形成不同的模块，通过各模块间的逻辑运算得到检索结果。检索要素包括中文关键词、英文关键词和 IPC 分类号。

本书采用的中文关键词主要有：锂电池、锂电、废旧锂电池、退役动力锂电池、分离、提取、回收、再利用、梯次利用、再生等。

本书采用的英文关键词主要有：Lithium battery、Lithium ion battery、recycle、re-use、echelon utilization、recovery、regeneration、separation、extraction 等。

本书采用的 IPC 主分类号为：H01M10/54、C22B3/00、C01G53/00。

数据处理包括：数据去噪和数据标引。

由于数据来自搜索结果，使用关键词和分类号难免会导致引入一些噪声较大的数据。为了保证数据的客观性和准确性，有必要对数据进行去噪处理。本书主要采用人工读取的方法去噪。

所有的专利文件都已人工去噪，最终获得的数据已被索引。数据索引是在数据清理后，为每项专利申请分配属性标签，以便进行统计分析和研究。所提到的"属性"，既包括技术细目表中的类型，也包括技术效能的类别。每项专利申请被编入索引后，便于统计相应类别或其他需要统计的分析项目的专利申请数量。

1.6.5　相关事项和约定

1．同族专利

同一主题的发明和创造在许多国家或地区获得专利，形成一系列文献，称为专利族。从技术角度看，属于一个专利族的多个专利申请可视为同一项技术。本书在进行技术分析时，将同一家族的专利视为一项技术；在进行专利区域（国家或地区）布局分析时，将每项专利按件单独计数。

2．数据完整性说明

由于以下原因，前一两年提交的专利申请统计数字不完整：如果 PCT 专利申请可能在申请日后 30 个月甚至更长时间进入国家阶段，导致相应的国家公布时间较晚；延迟公布发明专利申请，即自申请日（如果申请有优先权日，为优先权日）起 18 个月（要求提前公布的申请除外）；实用新型专利申请只有在授权后才能发布，其公布时间取决于审查周期的长短。

3．关于专利申请量统计中的"项"和"件"的说明

同一发明可以在多个国家或地区提出专利申请，专利数据库中将这些相关的多个申请，作为同一专利类别进行记录。在专利申请量统计中，将数据库中以专利族形式出现的一系列专利文献计为"一项"。例如，在专利申请量统计过程中，为了分析申请人在不同国家、地区或组织提交的专利申请的分布情况，将同一族的专利申请分开统计，所得结果与申请数量相对应，即一项专利申请可以对应一件或多件专利申请。

4．申请人名称的约定

在进行专利数据分析前，有必要对一些申请人的表述进行说明。第一，由于中文翻译的不同，同一申请人在不同的中国专利申请中的表述可能不同；第二，为了方便

对申请人的统计，有必要合并一些公司的不同子公司或被收购公司的专利申请；第三，简化一些专利申请人的姓名，以便在统计图表中进行标记。

确定申请人合并的方法包括：①专利数据库中同一公司旗下的子公司；②依据各公司官网上有关收购的公司、子公司等关键信息，将子公司和已收购的公司约定合并入母公司。

需要说明的是，根据分析目的不同，在不同场景下，对同一申请人采用的约定方式可能会存在差异，相应内容会在文中具体说明。

表 1-9 对本书中出现频率较多的部分专利申请人名称进行了约定。

表 1-9 主要申请人名称约定

约定简称	申请人名称
邦普循环	湖南邦普循环科技有限公司
	广东邦普循环科技有限公司
	湖南邦普汽车循环有限公司
	佛山市邦普镍钴技术有限公司
	佛山市邦普循环科技有限公司
格林美	荆门市格林美新材料有限公司
	格林美股份有限公司
	格林美（无锡）能源材料有限公司
	深圳市格林美高新技术股份有限公司
	江西格林美资源循环有限公司
天齐锂业	天齐锂业股份有限公司
	天齐锂业（江苏）有限公司
	天齐锂业（射洪）有限公司
长远锂科	湖南长远锂科股份有限公司
	湖南长远锂科新能源有限公司
中国科学院过程研究所	中国科学院过程工程研究所
	中科过程（北京）科技有限公司
	中科南京绿色制造产业创新研究院
广东佳纳	广东佳纳能源科技有限公司
	清远佳致新材料研究院有限公司

续表

约定简称	申请人名称
贵州中伟	贵州中伟新能源科技有限公司
	中伟新材料股份有限公司
	贵州中伟资源循环产业发展有限公司
合肥国轩	合肥国轩高科动力能源有限公司
	国轩高科股份有限公司
	合肥国轩电池材料有限公司

第2章
Chapter 2

锂电池回收全球专利总览

本章从锂电池回收全球专利申请量的变化趋势、专利类型及法律状态、专利申请地域分布、主要申请人等角度，对锂电池回收技术的地区分布和主要竞争市场、主要竞争者进行分析。

截至 2022 年 9 月 13 日，全球共申请锂电池回收相关专利 2407 件，对数据进行人工去噪和标引，发现引入的不相关专利主要包含以下几个方面：①关于锂电池的制备及改进技术；②锂电池废料、废液中的金属的回收；③从金属混合液中提取金属材料；④从废旧电池中提取出的金属的再利用技术；⑤活性电极材料相关技术。把这些不相关专利从数据中剔除后，原数据中共有相关专利 2056 件，以此数据为基础对该技术领域进行详细的专利分析。鉴于专利公开的延后性，2021 年和 2022 年申请的专利统计不完全，本章内容不做相应的数据分析。

2.1 专利申请趋势分析

全球针对锂电池回收技术提出的专利申请总体呈现稳步上升后趋于平衡的趋势。根据专利申请的增长趋势，可以将该技术领域的专利申请划分为萌芽期、平稳成长期、快速发展平衡期三个阶段。

1. 萌芽期（1993—2009 年）

从 1993 年开始，就出现了锂电池回收技术的相关专利申请，直到 2009 年之前，锂电池回收专利的年均申请量不足 10 件。在这一阶段，全球对锂电池回收领域的相关技术关注度很小，且这一阶段的专利申请是以国外专利为主，这是由于国外，特别是像日本、韩国等发达国家对于技术研发的投入高，技术更新迭代的速度快。虽然早期的锂电池回收技术不够成熟，但部分国外申请人已经预见到锂电池回收可能具有的应用潜力，并开始尝试进行技术探索。

2. 平稳成长期（2010—2014 年）

2010 年锂电池回收技术有 19 件相关专利申请，结束了多年来年均申请量未超过 10 件的局面。2010—2014 年，锂电池回收相关技术的专利申请量虽然没有出现较大的涨幅，但整体平稳增长，年均申请量达到了 50 件，与萌芽期相比，申请量翻了数倍。从申请量上可以看出，在这一阶段，全球对于锂电池回收技术有了更多的关注，并开展了相关的技术创新和技术保护。

3. 快速发展平衡期（2015 年至今）

从 2015 年开始，锂电池回收技术的全球专利申请量有了明显的突破，2015 年的 92 件专利申请量接近 2014 年的两倍，2016 年、2017 年的专利申请量则成倍数增长。锂电池回收技术作为动力电池产业发展的后运用阶段，吸引了各大厂商争相进入。2014 年是动力锂电池的发展元年，经过三年的扩张，其国内年产量增长了约 10 倍。而动力电池的退役周期为 5 年左右，因此 2018 年以后动力电池的回收市场进入高速增长期，专利申请量也在 2018 年达到峰值（370 件）。

由于专利申请的技术布局要早于市场布局的特性，2018 年专利申请量到达顶峰后，2019 年至今，年均专利申请量均维持在 250 件左右，该技术进入相对平稳的发展阶段。前期的生产工艺与方法已多数应用于产业发展，近年来，较少有突破性的技术飞跃，技术发展多集中于工艺的改进和更新换代。

2.2 专利类型及法律状态分析

从全球锂电池回收技术的专利申请类型及法律状态（见图 2-1）来看，锂电池回收领域的技术主要是发明专利，共 1668 件，占比超过 81%，实用新型专利 388 件，不足总量的 20%。在所有专利申请中，授权专利占 44%，另外还有 30% 的专利申请处于审查阶段。

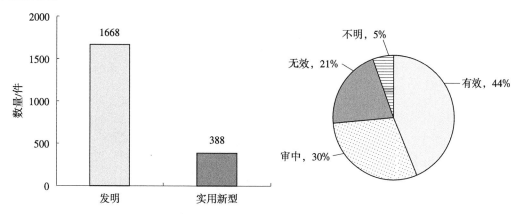

图 2-1　全球锂电池回收专利申请类型及法律状态

锂电池回收涉及化学、材料、化工、机械等领域，主要集中在锂电池回收方法的选择、元素的提取、回收设备的设计与改进等，因此更注重产品和方法的保护，申请的专利类型多为发明和实用新型，一般不涉及外观设计的申请。

从图 2-1 中的数量对比也可以看出，锂电池回收技术以发明专利为主，一些设备结构改进以实用新型专利为辅助申请，发明专利的体量也可以体现出锂电池回收领域技术人员所开展的研发活动具有较高的创新水平。

2.3　专利申请地域分布分析

全球锂电池回收相关技术排名前 5 位的受理局分别为中国、世界知识产权组织、韩国、日本和美国。其中，中国受理专利最多，有 1776 件，世界知识产权组织排第 2 位，有 46 件，韩国、日本和美国分别有 45 件、42 件和 38 件。各个受理局的专利申请量代表了专利技术的输出和流向，从侧面反映了锂电池回收技术领域的市场分布，表明了当前中国、韩国、日本、美国都是锂电池回收技术的热门市场。

技术来源国/地区排名主要是分析该技术主要来自哪些国家或地区，可以帮助企业了解所关注国家或地区的技术创新能力和活跃度，也可以反映哪些国家或地区拥有该技术的主要公司。本节中技术来源国/地区的数据按照申请人实际申请地址进行统计。

从图 2-2 锂电池回收专利技术来源国/地区分布可以看出，全球关于锂电池回收的专利技术来源主要集中在中国、日本、美国、韩国等。其中,来源于中国的专利技术远远超过其他国家或地区,占据了89%的技术输出,表明中国是锂电池回收技术领域的主要技术来源国;日本居第2位,其技术活跃度与中国存在较大差异。美国的技术输出仅次于日本,排在第3位。

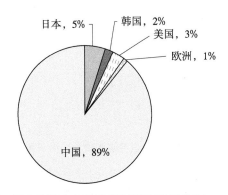

图2-2 锂电池回收专利技术来源国/地区分布

图2-3是锂电池回收专利技术来源国与目标市场对比图,可以看出对于技术创新,申请人一般会选择在国内申请专利。技术源自中国的专利申请有1732件是在本国提出的,美国申请6件、PCT国际申请26件,说明中国申请人侧重于在本土的技术保护,未进行大规模的域外专利布局。技术源自美国的专利申请有21件是在本国提出的,中国申请16件、韩国申请6件、日本申请4件、PCT国际申请7件,可以明显看出,美国申请人在专利的地域布局上跟中国申请人有很大的不同,除了在本国进行相关技术保护,也非常注重域外技术保护,特别是他们在韩国的技术保护要引起重视。技术源自日本的专利申请有34件是在日本国内提出的,在中国、韩国和美国各提出了11件、8件和7件专利申请。技术源自韩国的专利申请有31件是在韩国本土提出的。

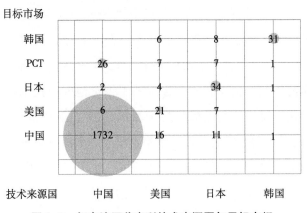

图2-3 锂电池回收专利技术来源国与目标市场

在锂电池回收技术领域，中国与日本的技术发展较为先进。需要引起重视的是，美国和日本的技术输出均在韩国占有一定的比例，这侧面反映出韩国是锂电池回收技术比较活跃的地区，这与韩国电子、电池产业的发展状况较为吻合。中国作为技术输出国未在韩国有任何的专利申请，中国企业和锂电池研究机构应对这一问题进行深入研究。

2.4　主要申请人分析

图 2-4 所示为锂电池回收全球专利申请量排名前 10 位的申请人。

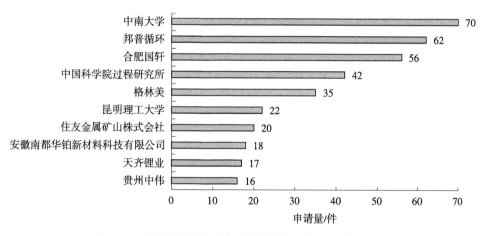

图 2-4　锂电池回收全球专利申请量排名前 10 位的申请人

从竞争格局来看，在排名前 10 位的申请人中，高等院校和科研院所有 3 个，企业有 7 个，说明企业在锂电池回收领域紧跟最新技术的发展，并发挥了重要作用。

第3章
Chapter 3

锂电池回收中国专利总览

本章从锂电池回收技术的中国专利申请量的变化趋势、专利类型及法律状态、专利申请区域分布和主要申请人等角度，对国内锂电池回收技术的地区分布和主要竞争市场、主要竞争者进行分析。

截至 2022 年 9 月 13 日，中国共有锂电池回收相关专利 1776 件，经人工去噪后，以此数据为基础对该技术领域进行详细的专利分析。鉴于专利公开的延后性，2021 年和 2022 年申请的专利统计不完全，本章内容不做相应的数据分析。

3.1　专利申请趋势分析

锂电池回收技术的中国专利申请趋势与全球趋势大致相同，根据专利申请数量，中国锂电池回收技术的专利申请可以划分为两个阶段：2001—2015 年的缓慢成长期和 2016 年至今的高速发展期。

1. 缓慢成长期（2001—2015 年）

2001—2008 年，中国市场对于锂电池回收几乎没有关注，该阶段锂电池回收专利的年均申请量不到 10 件。之后几年专利申请量虽有所增长，但仍处于少量产出的状态，年均申请量未超过 50 件。可以看出锂电池回收技术在中国的发展经历了一个较为漫长的初期探索阶段。

2. 高速发展期（2016 年至今）

2016 年开始，锂电池回收技术在中国的专利申请量呈直线上升趋势，2018 年专利申请量已达到 340 件，申请量已达到 2016 年（131 件）的约 2.6 倍。新能源政策的引导和新能源汽车的推广，使得锂电池的应用领域越来越广，随着锂电池寿命的耗尽，镍电池回收技术的发展进程开始加快，一并拉动了金属回收的潜在需求。锂电池回收技术在中国有迅猛发展的势头，也将是未来新能源领域内强有力的竞争技术，随着技术不断更新，锂电池回收也将迎来跨越式发展。

3.2　专利类型及法律状态分析

在锂电池回收技术中国专利申请中，发明专利占 79%，实用新型专利占 21%（见图 3-1）。这说明在中国范围内发明专利所占的比例是很高的。另外，在发明专利中，有 1/5 的专利已获得授权。

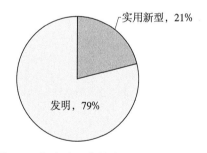

图 3-1　锂电池回收技术中国专利申请类型

同全球专利申请类型分布一样，中国专利申请呈现出以发明为主、实用新型为辅的特点，从侧面反映出国内申请人在锂电池回收技术领域中掌握了较多的高质量专利技术。

图 3-2 所示为锂电池回收技术中国专利申请的法律状态分布，有 45% 的专利处于有效状态，28% 的专利申请处于审查阶段，27% 的专利无效，其中因未缴年费和期限届满而失效的专利分别为 130 件和 3 件。

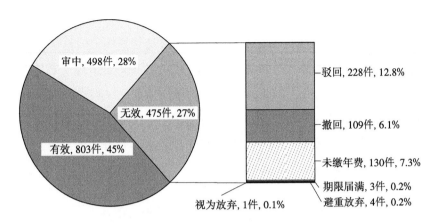

图3-2 锂电池回收技术中国专利申请法律状态

注：因数据四舍五入的原因，各种无效专利的占比总和为26.7%。

从有效和无效专利的占比看，锂电池回收技术的可专利性较高，申请人对授权专利价值的认可度也反映出锂电池回收技术的研发具有一定的新创性。此外，从处于审查阶段的专利数量来看，中国市场给予了锂电池回收技术极大的关注，并投入了相应研发资源，紧跟全球锂电池回收技术的发展，预计未来在专利申请上会有更大的突破，并拥有更广阔的应用市场。

3.3 专利申请区域分布分析

表3-1为锂电池回收技术中国专利申请主要技术来源地区，可以看到在中国提交的专利申请中，申请人来自国外的有44件，其余1700余件专利的申请人来自国内。

表3-1 锂电池回收技术中国专利申请主要技术来源地区

专利来源	排名	技术来源	专利数量/件
国外申请	—	国外	44

专利来源	排名	技术来源	专利数量/件
国内申请	1	广东省	300
	2	北京市	160
	2	湖南省	160
	4	江苏省	137
	5	安徽省	136
	6	河南省	89
	7	浙江省	88
	8	湖北省	83
	9	江西省	82
	10	上海市	71

国内申请量排名前 5 位的地区分别是广东省、北京市、湖南省、江苏省及安徽省。总体上各省市锂电池回收技术的专利申请数量与其锂电池产业规模成正比。我国锂电池产业链主要包括珠三角地区、闽赣地区和长三角地区。珠三角地区是我国最大的锂电池应用基地。广东省作为国内技术创新的重点省份，在科技创新领域一直占有一席之地。拥有 300 件锂电池回收技术相关专利申请，主要是因为广东省聚集了许多新能源企业，例如格林美股份有限公司的总部位于深圳市，广东邦普循环科技有限公司的总部位于佛山市，从而在锂电池回收领域集聚了较多的创新资源，具有较强的研发实力。排名并列第 2 位的是北京市和湖南省，有专利申请 160 件。坐落于湖南省长沙市的中南大学在锂电池回收领域一直有较强的技术背景，并在锂电池回收领域不断研发创新。北京市则聚集了众多科研实力强劲的高等院校和研究机构，如中国科学院过程工程研究所等。此外，江苏省和安徽省也走在锂电池回收技术的前沿，分别以 137 件和 136 件专利申请位居第 4 位和第 5 位。其中，江苏省作为新能源电池产业的中心，其产业链上、下游发展较为平衡。

3.4 专利申请技术构成分析

对数据进行人工去噪和标引，把主要杂质专利从数据中剔除后，给剩余专利赋予技术标签。对于同一专利，可能在标引中分配两个以上的技术标签，所以技术构成中的数量总和略大于整体专利数量。

在锂电池回收技术领域，中国专利主要集中在工艺过程、回收设备和物质回收等方面（见表3-2）。

表3-2　锂电池回收技术中国专利申请技术构成

一级技术分支	专利数量/件	二级技术分支	专利数量/件
工艺过程	312	干法冶金	22
		湿法冶金	47
		梯次利用	9
		生物回收	7
		修复再生	226
		其他工艺	5
回收设备	593	物质回收	164
		系统	143
		拆卸	177
		预处理	109
前期处理	221	拆卸	34
		预处理	51
		分离方法	137
物质回收	488	电解液回收和处理	75
		电芯回收	402
		隔膜处理	11
综合利用	162	多种材料回收	41
		合成新的化合物	121

回收设备是该领域专利申请数量最多的方向，也是锂电池回收领域的重点，相关专利以实用新型专利为主，有的申请人采用发明专利与实用新型专利双申请的策略。从专利名称上看，以设备居多，还有系统等名称。本书中在设备的结构和技术方向上未进行深入标引，仅对回收设备专利进行一级标引，包括锂电池拆卸技术相关设备、电芯或物质回收技术相关设备、锂电池回收系统（全流程回收）相关设备和锂电池预处理相关设备。关于回收设备的相关专利，后期若有相关需求，可开展有针对性的专题研究。

物质回收是该领域专利申请数量较多的领域，对电池的构成进行拆分，分为电解液回收和处理、电芯回收及隔膜处理，其中电芯回收的专利数量最多，有402件，远超过电解液回收和处理与隔膜处理的专利数量。电芯中包含正负极电极材料、石墨、黑粉及集流体等材料，在正负极电极材料中，还包含多种贵金属，电芯的回收有利于金属材料的重复利用，既是对环境的有效保护，也是对金属资源化工作的极大推动。电解液的回收和处理是近年来新出现的研究热点，主要集中在电解液的回收、电解液的重复利用、电解液的无害化处理等方面。关于物质回收的技术分类，是锂电池回收的重点组成内容，此部分内容将在第 4 章重点技术分析中进行深入分析。

工艺过程主要包括干法冶金、湿法冶金、梯次利用、生物回收、修复再生和其他工艺六个技术分支。干法冶金、湿法冶金是锂电池回收的早期技术，该技术内容的专利申请日期普遍较早，近期略有技术的改进，很难有大尺度的技术突破。梯次利用是近年来新提出的锂电池回收模式，该方法更加侧重于锂电池不同消耗阶段的有效运用，争取最大限度地利用锂电池资源。生物回收是近年来新出现的方法，利用生物活性酶参与锂电池回收的电化学活性物质的回收，该方法较为温和，回收效率高，且对环境友好，是未来锂电池回收技术发展的主流方向。

修复再生是近十多年在废旧电池再利用领域较好的技术方向，也是工艺过程中专利申请的主要集中方向。本书中的技术标引，给予修复再生标签的情况主要有以下两种：①原有废旧电池进行处理后，回收有用的电活性材料，进行一定处理后，再生成可使用的电极或电池材料；②原有废旧电池进行处理后，根据收集到的有用的电活性材料，再加入一些新的物质或材料，重新合成电极或电池材料。修复再生的技术包括对正极材料、负极材料、电解液或其他材料的修复和再生。

除上述技术分类外，一些文献还介绍了废旧锂电池回收技术遵循的原则，包括从源头减少固体废物、电池的精细分离、不同材料的分类以及资源的最大化利用。

前期处理是本书针对锂电池回收的阶段物质和最后物质的区别，建立的不同于物质回收的一级技术标引。前期处理中主要包括锂电池的拆卸、预处理及前期各种电池结构的分离方法，其中分离方法是该技术分支的重点，既包括电池各结构的分离，又包括电芯内部电化学活性成分与集流体和其他物质的分离。在锂电池的回收过程中，一般是先对电池进行拆卸，各部件分离后，才能开始有效物质的回收，所以分离过程一般是物质回收过程的前提，有时分离与回收也可同步开展。对于分离方法的研究，可以使各部件能够有效分离，也可以为后续有效物质的回收奠定良好的基础。

综合利用的技术分支下主要包含两类技术标签。一是锂电池中多组分的回收，包括从内到外的，金属、电解液或隔膜、集流体等多种物质的同时回收，该类专利并未具体介绍每种物质回收的具体流程，通常是伴随着锂电池回收工艺的流程，使每个步骤都有可回收的物质，并且该类专利倾向于锂电池综合回收利用过程。二是利用电池回收到的物质，加入新的物质，或改变原有物质的形貌状态，合成新的化合物，进行再次利用，属于锂电池的资源化利用领域。

另外，锂电池相关专利检索结果中还包括其他专利技术，主要是不同于锂电池回收方法和回收设备的专利技术，属于锂电池回收的衍生技术或相关技术，如回收过程中的废气、废液或废渣的处理与再利用等，此部分专利数据暂未纳入本书的分析数据中。

3.5 主要申请人分析

从图3-3可知，排名前10位的申请人均为我国本土企业和科研院所、高等院校，无外国申请人。在国内企业中，邦普循环在锂电池回收领域有较强的研发实力，共有62件专利申请。邦普循环的总部位于广东省佛山市，在湖南省长沙市建有全国最大的废旧电池循环基地，拥有八大支柱产业和六大运营子公司，产业链横跨电池回收、再生电池、冶金、材料、科研、金融、环保等行业，其子公司运营范围覆盖广东省、江西省、湖南省、福建省、上海市等地区，是国内锂电池回收技术领域的领军企业。目前，邦普循环已形成电池循环、载体循环和循环服务三大产业板块，包括数字电池和动力电池回收、储能梯次利用，传统报废车辆的回收、拆解和关键零部件的再制造，以及高端电池材料和汽车功能瓶颈材料的工业生产、商业循环服务解决方案的提供。

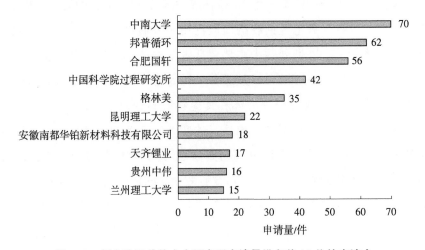

图3-3 锂电池回收技术中国专利申请量排名前10位的申请人

合肥国轩以 56 件专利申请居第 3 位。合肥国轩是国内最早从事新能源汽车动力锂电池自主研发、生产和销售的企业之一，专业从事新型锂电池及其材料的研发、生产和运营，并拥有核心技术知识产权。主要产品包括磷酸铁锂、三元材料及电池、动力电池组、电池管理系统和储能电池组。产品广泛应用于纯电动商用车、乘用车、物流车、混合动力汽车等新能源汽车领域，并与国内多家主要新能源汽车企业建立了长期战略合作关系。

格林美是"资源有限、循环无限"产业理念的提出者，是中国城市矿业的开创者。20 多年来，格林美通过开采城市矿山和开发新能源材料，建立资源循环模型和清洁能源材料模型。格林美以废旧电池回收技术解决方案为切入点，解决了废旧电池、电子垃圾、报废汽车等中国典型废旧资源的绿色处理与回收利用的关键技术问题，以及动力电池材料的三方"核"技术。构建了世界先进的新能源全生命周期价值链、钴钨稀有金属资源回收价值链、电子废弃物和废塑料回收价值链以及新能源回收模式。

安徽南都华铂新材料科技有限公司（以下简称"安徽南都华铂"）成立于 2017 年11 月，是浙江南都电源动力股份有限公司的全资子公司，经营范围包括新能源材料的研发、生产和销售，废旧锂电池回收利用技术引进、开发和产业化，废旧锂电池、电池材料废弃物及含有镍、钴、铜、锰的有色金属废物的收集和循环利用。该公司专注于锂电池循环利用技术研发创新，积极开展对外合作，与中南大学、合肥工业大学、中国科学技术大学、浙江大学等知名院校建立合作，包括开展深度产学研合作。采用独有的自主知识产权的"选择性提锂技术+双极膜电渗析生产电池级单水氢氧化锂"创新工艺，打造全自动智能化连续性生产线，通过对锂电池"破碎分选—浸出—萃取—结晶"等过程的全自动控制，将镍、钴、锰、锂、铜、铝、石墨等材料精细化高效分离，大幅提高了资源回收利用率，提升了行业生命力，为锂电池资源再生打造绿色工厂起到了良好的示范作用。

天齐锂业是以锂为核心的新能源材料企业，其所拥有的技术在中国乃至全球处于领先地位。其业务涵盖了锂产业链的关键阶段，包括硬岩锂资源的开发、锂精矿的加工和销售、锂化工产品的生产和销售。天齐锂业在中国、澳大利亚、智利等地区对锂资源进行战略性布局，并基于全球产业链垂直整合的优势，与国际客户建立合作伙伴关系，共同推动实现新能源汽车和储能行业锂电池技术的长期可持续发展。

贵州中伟的经营范围包括废旧金属、废旧电池及电池厂废料、报废电子电气产品回收、分类贮存与综合回收利用，废弃资源循环利用技术的研究、开发与综合利用，电子产品、电池产品、电池原材料的销售，货物及技术进出口。

从以上企业的情况可以看出，国内锂电池回收企业不断扩展技术研发方向，积极向锂电池回收等中高端产品扩展。随着新能源技术的快速发展，我国智能行业高速发展，并且伴随着电子化、信息化的发展趋势，锂电池回收技术在新能源设备、智能手机、智能电视、平板电脑等各个领域的应用将加速渗透，国内相关企业若在此方向进行投入和研究，可在将来的市场竞争中占据有利位置。

在该领域中，除上述企业外，国内的科研院所和高等院校也占据着重要位置，为锂电池回收的技术扩展和研发方向的纵向延伸提供了思路和方向。中南大学、中国科学院过程研究所、昆明理工大学和兰州理工大学在本领域的专利申请数量都位居前列。

3.6 主要发明人分析

图 3-4 所示为锂电池回收技术领域中国专利申请量排名前 11 位的发明人。许开华拥有的专利数量最多，有 33 件，来自格林美；刘葵以 18 件专利申请居第 2 位，来自广西师范大学，并列第 2 位的王武生、颜群轩分别来自上海奇谋能源技术开发有限公司和湖南金凯循环科技有限公司；来自中航锂电（洛阳）有限公司的朱建楠以 17 件专利申请排名第 5 位；并列第 6 位的是来自天齐锂业的曹乃珍、兰州理工大学的王大辉和中国科学院青海盐湖研究所的彭正军；来自贵州中伟的陈军、中国科学院深圳先进技术研究院的张哲鸣和中国科学院过程研究所的曹宏斌，其专利申请量均为 14 件，并列第 9 位。

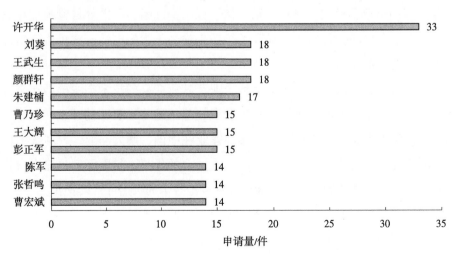

图 3-4 锂电池回收技术中国专利申请量排名前 11 位的发明人

　　排名前 11 位的发明人主要集中在企业、科研院所和高等院校。其中，有 6 人来自企业，可以反映出国内企业比较注重研发队伍的建设，整体研发实力较强；另外，中国科学院的研究所汇集了大量高水平研发人员从事锂电池回收的研发，未来也必将成为锂电池回收技术开发的主力军。

第4章

重点技术分析

4.1 技术概况

4.1.1 金属的提取

浸出过程是湿法回收电极材料有价金属的重要环节，用合适的浸出剂对电极材料进行处理，将目标金属以一定的离子形式引入溶液中，从杂质中分离出来，用于后续的提纯。该过程主要包括无机酸、有机酸和微波的浸出工艺。无机酸（HCl、HNO_3、H_2SO_4、H_3PO_4）浸出工艺具有成本低、浸出效率高的优点，但工艺中容易产生有毒气体和废液从而造成二次污染，特别是 HCl 浸出工艺会产生 Cl_2，需要相应的辅助设备进行回收。另外，无机酸腐蚀性强，对设备防护要求高，在一定程度上增加了生产成本。有机酸浸出工艺近年来受到广泛关注，它以乙酸、柠檬酸、苹果酸、琥珀酸、抗坏血酸、天冬氨酸、草酸、酒石酸、马来酸、乳酸等有机酸为浸出剂。为了提高金属元素的浸出率，通常在酸溶液中加入一定量的还原剂，包括 H_2O_2、$NaHSO_3$、$Na_2S_2O_5$ 和葡萄糖，将正极材料中的 3 价 Co 离子和 4 价 Mn 离子还原为 2 价离子，从而提高其在溶液中的溶解度。此外，近年来各种新技术的应用也不断被报道，如机械化学浸出、焙烧后选择性浸出、氨浸出、聚氯乙烯（PVC）同步脱氯浸出、超临界 CO_2 辅助浸出、电化学浸出等。

1. 无机酸浸出

化学浸出能够将正极活性物质中的金属组分转移至溶液中，已有大量文献报道采用无机酸溶解废旧锂电池正极材料。李金辉等以废旧锂电池的破碎产物为对象，通过筛选得到 $LiCoO_2$ 富集产物，用 4 mol/L 浓度的 HCl 浸出有价金属。在 80 ℃、2 h 的浸出条件下，Co 和 Li 的浸出率分别达到 99% 和 97%。Lee 等采用机械方法与热处理相结合的工艺，实现了活性物质与流体捕收剂的分离。高温下去除残碳和有机黏结剂后，在 1 mol/L HNO_3 和 1.7 %（体积百分比）H_2O_2 条件下浸出活性物质 $LiCoO_2$。在 75 ℃、固液比 1∶50 g/mL、浸出时间 1 h 的条件下，Co 和 Li 的浸出率可达 95%。此外，也有学者对无机酸浸出反应的热力学和动力学进行了研究。

溶液浸出反应可分为两个阶段。在第一阶段，Co 的萃取过程由化学反应控制，在 HCl 和 H_2SO_4 体系中控制过程相同。在第二阶段，Co 在 HCl 中的浸出过程受控于扩散，而在 H_2SO_4 中受控于混合。Li 的萃取由第一阶段的混合和第二阶段的扩散控制。当采用无机酸作为浸出剂时，Li 和 Co 几乎被完全浸出，但浸出过程中会产生 Cl_2、SO_3 和 NO_x，浸出后的废酸也会对环境和人体造成潜在威胁。

2. 有机酸浸出

近年来，许多研究人员开始使用有机酸从废弃的锂电池电极材料中浸出有价值的金属元素。与无机酸相比，有机酸的优点是易于生物降解，在浸出过程中不会产生有毒气体，对环境造成的危害小，且因酸性较弱，对设备的腐蚀性较小。李丽课题组近年来对有机酸浸出工艺进行了大量深入研究，从微观化学反应的角度揭示了电极材料的湿法冶金机理，取得了较高的回收效率。其以易降解的苹果酸为浸出剂，开发了一种从废旧锂电池正极材料中回收钴、锂的环保型工艺。结果表明，苹果酸的浓度对 Co 和 Li 的浸出率有显著影响，提高反应温度和延长浸出时间可以提高上述两种金属的浸出率，还原剂 H_2O_2 的加入大大加快了正极材料的溶解过程。

此外，研究人员利用乙酸/马来酸浸出剂从 NCM 三元材料中浸出 Li、Co、Ni 和 Mn，浸出率达到 97% 以上，并且从宏观和微观的角度分析了三元材料的浸出机理，提出了电极材料颗粒松弛—断裂—成核的反应模型；反应动力学计算表明，两种酸的反应体系符合扩散控制；通过 FT-IR 和 UV-Vis 分析表征了浸出液中钴配合物的分子结构；利用浸出液液相再生的方法直接合成了 NCM 三元材料，并对合成材料的电化学性能进行了测试；所得电极材料具有良好的电化学性能。

3. 微波浸出

微波是一种清洁、环保的能源，具有对材料选择性加热的特点。将微波加热应用于天然矿物或固体废物的浸出，可显著提高浸出效率。

微波浸出工艺广泛应用于 Fe、Co、Ni、Pb、Zn 等重金属冶金，Al、Mg 轻金属，Ti、Mn 和 Mo 稀有金属，以及 Au、Ag 和 Pt 贵金属冶金领域。一方面，微波浸出可以提高固液系统的干扰效应，破坏附件固体颗粒表面，暴露出新鲜表面，并改善液相反应物的接触机会；另一方面，微波选择性加热有助于颗粒表面产生微裂纹，增加反应界面表面积，加速浸出反应。翟秀晶等采用微波选择性还原焙烧—硫酸浸出法提取氧化镍矿。通过微波快速加热物料，加速矿物中 Ni 和 Co 的还原，控制 Fe 的还原，从而实现矿物的选择性还原焙烧；焙烧产物用于 Ni 和 Co 的选择性浸出。该方法时间短，能耗低，试剂消耗少，对环境污染小。此外，微波加热—氯化法还可以选择性加热有价金属氧化物。由于 Ni、Co、Cu 等氧化物可以被微波加热，而 Mg、Si、Fe 等元素几乎不能吸收微波，因此可以利用微波的选择性加热行为促进 Ni、Co 等元素的氯化反应，生成氯化物，从而提高后续浸出效率。由此可见，微波处理含镍矿石是一种具有良好应用前景的新方法。

4. 有价金属的分离与提纯

浸出反应后，电极材料中的 Co、Ni、Mn、Li 以离子的形式存在于浸出液中，需要通过化学方法从浸出液中提取，常用的方法有化学沉淀法、电化学法、溶剂萃取法，以及吸附法、电渗析法和离子交换法。溶剂萃取法是一种通过萃取剂与金属离子形成配位配合物来分离不同金属离子的方法，广泛应用于电极材料萃取物的纯化与分离领域。常用的萃取剂主要有 D2EHPA、PC-88A、Cyanex272 和 TOA。溶剂萃取法现已成功应用于工业生产，并获得了高纯度的净化产品，但这种方法往往伴随着有毒萃取剂的使用。化学沉淀法是在浸出液中加入沉淀剂，使金属形成溶解度低的化合物，分别沉淀，从而达到分离金属离子的目的。常见的沉淀剂有 Na_2CO_3、NaOH、$Na_2C_2O_4$ 和 Na_3PO_4。由于电极材料的浸出液中存在多种金属离子，且 Ni、Co、Mn 三种元素具有相似的沉淀性质，因此往往需要结合萃取方法来实现对每种金属元素的分离纯化。此外，电化学沉积技术也得到了更多学者的重视，并应用于电极材料的回收。通过在浸出液中加入 Co^{2+} 进行电化学还原沉积，可获得钴金属薄膜、合金或多层镀层。Barbieri 等以活性物质 $LiCoO_2$ 的 HNO_3 浸出液为原料，Ag/AgCl 为参比电极，控制电压为 -0.85 V，电荷密度为 20 C·cm^{-2}，使 Co(OH)$_2$ 沉积在掺杂铟的氧化锡（ITO）电极上。电化学法得到的产品纯度高，但该方法能耗高，不适合大规模工业推广。

4.1.2　电解液的回收和处理

电解液是锂电池的重要组分之一，它是锂离子在电池正极和负极之间传输的主要介质。可用于锂电池的电解液应具有良好的热稳定性、较高的化学稳定性和锂离子导电性、宽的电化学窗口、环境友好性及高安全性。锂电池电解液由高纯有机溶剂、电解质锂盐和必要的电解液添加剂组成。商业有机溶剂以碳酸脂类为主。在实际应用中，一般采用高介电常数溶剂和低黏度溶剂混合，以达到相互配合的目的。$LiPF_6$ 具有在碳酸脂中溶解度高、相应电解质导电性高、电化学性能稳定等诸多优点，已成为大规模应用的电解质。除了有机溶剂和锂盐，必要的添加剂也特别重要，且适当地使用添加剂可以弥补电解质的缺陷，大大提高电池性能。

回收锂电池中的电解液主要有以下处理方法。

1. 高温处理

高温焙烧是回收废旧电池常用的技术，它基于冶金提取金属的原理回收金属元素。动力电池中的 Co、Ni、Cu、Mn 等主要元素可以通过高温焙烧来收集。同时，高温焙烧可以去除有机质，使 P、Si、F 等其他元素以矿渣的形式固定。有价值的金属元素可以通过湿法冶金或碳热还原得到。在这些过程中，电解液在高温下氧化分解到第二阶段，产生的尾气经过吸收塔处理。

在高温处理过程中，有机电解质在高温环境下被分解去除，产生的废气先由除尘装置去除；然后通过两级循环吸收塔去除废气中的大部分含氟组分；再通过高温燃烧或中温催化燃烧去除挥发性有机物；最后通过余热回收进入碱吸收塔，去除剩余的微量 HF。上述过程产生的废液流入中和池，与中和后的碱液反应，使其中的 F、P 凝固脱水，形成无害的固化氟化钙和磷酸钙。根据以上工艺分析，高温处理工艺可用于动力电池的批量回收，但电解液在高温环境下会分解，失去原有价值。此外，高温处理过程中产生的大量污染废气需要处理，导致处理费用较高。

2. 常温干法处理

干法处理也称物理处理，主要通过物理方法分离电解液与电池其他组件，再分别回收。

（1）离心处理。这种处理方法主要通过离心原理，将电解液甩出电池壳体，实现与电池本体的分离。

（2）正、负压气体吹扫处理。这种处理方法主要是用机械对电池进行压榨，使电解液析出。

上述常温干法处理，无论是离心处理还是正、负压气体吹扫处理，都是在不破坏电解液成分的情况下实现电解液的再利用，是一种理想的电解液资源利用方法。但是，这些处理方法存在的问题是电池内的电解液无法完全清除，后续处理电池体时仍有残留的电解液，可能造成污染。

3. 湿法处理

（1）物理湿法处理。主要有溶剂浸出法和超临界 CO_2 抽提法。溶剂浸出法主要是通过向电解液中引入溶解度相似的溶剂来浸泡破碎的电池，将电解液转移到溶剂中，然后将溶剂与电解液分离。超临界状态下的 CO_2 可以从电池破碎材料中提取电解液，然后在非超临界状态下蒸发 CO_2，使 CO_2 与电解液分离。

（2）化学湿法处理。化学湿法处理是在废旧动力电池回收过程中引入化学反应对电池电解液进行处理的一种方法。电池中电极材料的化学性质相对稳定，因此化学湿法处理对活性物质影响不大。针对电解液的化学性质，引入试剂使电解液发生化学转化，消除电解液分解对环境的影响。化学湿法处理可分为碱吸收、水洗转化和化学转化回收。碱吸收处理法主要是用碱性溶液清洗废旧锂电池的废料，电解液中的活性成分会在水中分解，被碱性溶液吸收，从而消除对环境的影响。

以上方法都是被动处理方法，主要是考虑到电解液中的氟对环境的污染。在此过程中，电解液中的电解质在高温下或与碱液反应时会发生分解，失去原值，降低回收效率。这些方法不能吸收电解液中的溶剂组分，需要对溶剂进行进一步处理，否则不能从根本上消除电解液对环境的污染。针对这一点，化学转化回收的方法被广泛研究。

当电解液回收过程中进行高温处理时，破碎的电池材料将被高温或焚烧处理，电解液中的有机成分在高温焚烧时会分解为水和 CO_2；$LiPF_6$ 暴露在空气中受热后，会迅速分解出 PF_5 气体，最终形成含氟烟尘。如果这个过程处理不当，会造成潜在的安全隐患，污染环境，浪费电解液。湿法处理锂电解质 $LiPF_6$ 时，分解产生的 HF 和 PF_5 在碱溶解过程中很容易生成可溶性氟化物，造成水污染，且含氟废气和废水在转化和迁移后会直接或间接地危害人体健康。

有机溶剂进入环境后，经过水解、燃烧、分解，会产生甲醛、甲醇、乙醛、乙醇、甲酸等小分子有机物，污染水、大气和土壤。有机溶剂中的碳酸脂溶剂对人的呼吸系统、眼睛和皮肤有刺激性，且易燃，在明火或高温下可能会引起燃烧。由于这类溶剂

的蒸气密度比空气大，在较低的地方可以扩散得较远，一旦发生明火就会引起闪回，
存在很大的安全隐患。

4.2　物质回收重点技术分析

　　第 4.2.1~4.2.4 小节中对物质回收具体技术的专利分析数据的选择，既包含回收
设备一级技术分支中的物质回收相关设备专利（173 件），又包含物质回收一级技术分
支下的专利（618 件），共 791 件专利。第 4.2.5 小节专利申请技术构成分析，主要基
于物质回收一级技术分支下的 618 件专利进行分析，回收设备一级技术分支中的物质
回收相关设备不包含在技术构成分析中。

4.2.1　专利申请趋势分析

　　从图 4-1 可以看出，全球针对锂电池物质回收技术提出的专利申请总体呈现波动
上升后逐渐回落的趋势。

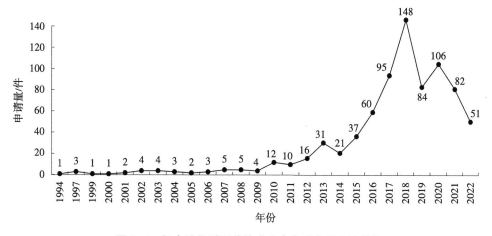

图 4-1　锂电池物质回收技术分支全球专利申请趋势

　　注：1995 年、1996 年、1998 年无专利申请。

　　从 1994 年开始就出现了锂电池物质回收技术的相关专利申请，直到 2009 年之前，
锂电池回收专利的年均申请量不足 5 件。2010 年锂电池物质回收技术有 12 件相关专利
申请，结束了多年来年申请量未超过 10 件的局面。2010—2014 年，锂电池物质回收相

关技术的专利申请量整体呈波动增长，年均申请量达到了 17 件。从 2015 年开始，锂电池物质回收技术的全球专利申请量有了明显突破，2018 年申请量达到 148 件，这显示出人们越来越意识到在锂电池物质回收技术领域中物质回收的重要性，保持金属及其他材料的回收与综合应用，既能降低成本，又有利于环保事业的发展。

4.2.2　专利申请地域分布分析

全球锂电池物质回收相关专利量排名前 5 位的受理局分别为中国、韩国、世界知识产权组织、日本和美国。其中，中国受理专利量最多，有 652 件；韩国居第 2 位，有 24 件；世界知识产权组织有 22 件；日本有 21 件；美国有 11 件。另外，欧专局仅有 8 件。

通过锂电池物质回收专利技术来源国/地区分布（见图 4-2）可以看出，全球关于锂电池物质回收专利技术来源主要集中在中国、日本、韩国、美国等。其中来源于中国的专利技术数量远远超过其他国家，占据了 85% 的技术输出，表明中国是锂电池物质回收技术领域的主要技术来源国。日本排名第 2 位，但与中国专利技术数量相差较大，仅占 8%。韩国的技术输出仅次于日本，排在第 3 位。

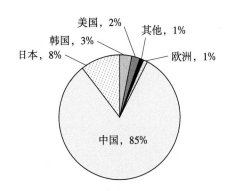

图 4-2　锂电池物质回收专利技术来源国/地区分布

4.2.3　专利类型及法律状态分析

从全球锂电池物质回收技术的专利申请类型来看（见图 4-3），锂电池物质回收领域的技术主要集中在发明专利，有 543 件发明专利，占比超过 68%，实用新型专利 109 件，不足总量的 14%，另外有 139 件专利因无法抓取数据而不能确定专利类型，较多为外国早期专利，当时还没有实现数据电子化，造成该部分数据缺失。在所有专利中，已授权专利占 43%，另外还有 28% 的专利处于审查阶段。

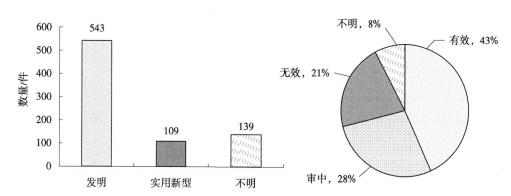

图 4-3　锂电池物质回收专利申请类型及法律状态

从图 4-3 中的数量对比可以看出，锂电池物质回收技术以发明专利为主，以实用新型专利为辅助申请，一些设备相关专利多与物质回收所采用的设备相关。发明专利的体量也可以体现出锂电池物质回收领域技术人员所开展的研发活动具有较高的创新水平。

4.2.4　主要申请人分析

图 4-4 所示为锂电池物质回收全球专利申请量排名前 10 位的申请人。

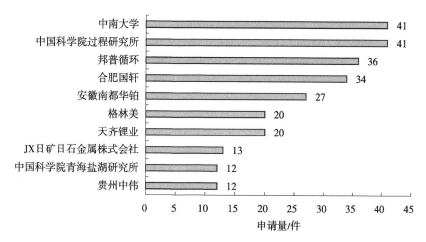

图 4-4　锂电池物质回收全球专利申请量排名前 10 位的申请人

从竞争格局来看，在排名前 10 位的申请人中中国的专利权人居多；高等院校和科研院所有 3 个，企业有 7 个，说明企业在锂电池物质回收领域紧跟最新技术的发展，并占有重要地位。

4.2.5 专利申请技术构成分析

在锂电池物质回收技术中，电芯回收是申请数量最多的二级技术分支，共528件。电芯回收主要包括正极材料，负极材料，电化学活性材料，集流体，黏结剂，金属提取，电芯整体回收，石墨、碳与黑粉等技术分支。其具体技术内容和专利申请数量见表4-1。

表4-1　锂电池物质回收专利申请技术构成

技术分支			数量/件
物质回收 （618件）	电芯回收	正极材料	61
		负极材料	5
		电化学活性材料	11
		集流体	29
		黏结剂	3
		金属提取	335
		电芯整体回收	70
		石墨、碳与黑粉	14
	电解液回收和处理		96
	隔膜处理		12

从表4-1中的专利申请数量来看，涉及金属提取的专利最多，有335件，主要涉及利用化学沉淀法、溶剂萃取法、金属浸出法、氧化还原法、电化学法、吸附法或膜技术等手段，对废旧锂电池中的钴、锂、锰、镍、铜、铁等一种或多种元素进行回收再利用。在元素回收中，化学沉淀法、溶剂萃取法和金属浸出法相对使用较多，适合多种元素的回收过程。还有集流体29件、电化学活性材料11件、正极材料61件、负极材料5件，由此可见，材料类专利中以正极材料回收为主要研发方向，正极材料中含有可重复利用的金属物质，对正极材料的回收及综合利用符合未来技术的发展方向。电芯整体回收的专利有70件，通过对锂电池的拆卸等技术手段，回收电池的电芯部分，作为下一步材料回收或金属回收的基础，重点研究前期电池的拆卸、电解液的预处理与电池各部件的分离等内容。

除上述描述之外，锂电池物质回收技术中的其他专利主要集中于电解液回收和处理以及隔膜处理，还有涉及电池的放电、拆卸、预处理和安全问题等专利，将此部分专利放入前期准备的数据库中。还有一些区别于现有主流技术的新技术，如磁选、物理回收、热解、裂解、酸浸或石墨回收等，在此不一一赘述。

根据物质回收技术的研发重点，本章选取金属提取及电解液回收和处理作为重点内容，通过独立小节开展分析。

4.3　金属提取重点技术分析

第 4.3.1~4.3.3 小节选取物质回收中电芯回收技术分支的金属提取专利与回收设备中物质回收技术分支的金属提取专利作为数据分析基础。第 4.3.4~4.3.6 小节中专利申请技术构成分析，主要基于物质回收一级技术分支下的专利进行分析，回收设备一级技术分支中的物质回收相关设备不包含在技术构成分析中。

4.3.1　专利申请趋势分析

图 4-5 所示为金属提取技术专利申请趋势，金属提取技术共 335 件专利申请。从图 4-5 中可以看出，金属提取的专利技术申请主要分为三个阶段。

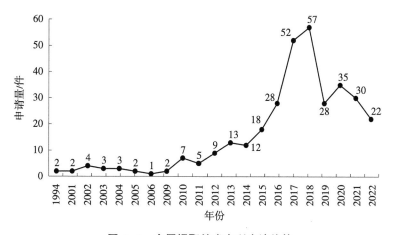

图 4-5　金属提取技术专利申请趋势

注：1995—2000 年、2007—2008 年无专利申请。

第一阶段为 1994—2012 年，首件专利产生于 1994 年，该阶段金属提取的专利申请量一直在每年 10 件以下，和锂电池回收整体专利申请量的发展一致。

第二阶段为 2013—2016 年，该阶段的金属提取专利申请从少到多。锂电池发展于 20

世纪 60~70 年代，80 年代开始进行研究，90 年代开始用于商用，21 世纪后开始大量应用于电子产品，以及新能源汽车。根据锂电池寿命的判断，2015 年之后是电池退役的高峰，而专利技术会早于产业发展，故 2013 年后专利技术开始增多，但是上升趋势不明显，直到 2016 年开始迅速上升，2018 年出现峰值（57 件），这也是和产业发展相对应的。

第三阶段为 2017 年至今，专利的数量在经过突然上升后，又有一定的下降，近几年均维持在每年 30 件左右。主要原因可能是出现了一定的技术壁垒，常规技术遇到了瓶颈，很难突破，平行技术和替代技术的出现又需要时间和反复实验验证，故相关技术的专利数量有一定的下降。

4.3.2 技术来源国/地区分析

图 4-6 所示为金属提取技术来源国/地区分布，其中 83% 的技术来自中国，具体来源省份如图 4-7 所示；9% 的技术来自日本；来自韩国和欧洲的技术分别占 6% 和 2%。

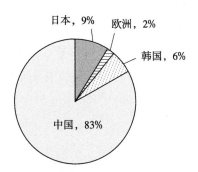

图 4-6 金属提取技术来源国/地区分布

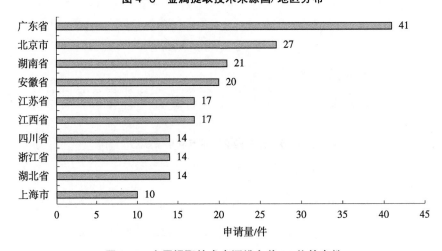

图 4-7 金属提取技术来源排名前 10 位的省份

在来自中国的技术中，广东省最多，为 41 件；北京市为 27 件，居第 2 位；湖南省为 21 件，居第 3 位。从技术来源的地域看，主要集中在珠三角和长三角地区，这和新能源汽车的发展密切相关，伴随着相关产业的发展，锂电池回收技术的发展也较为超前。

4.3.3　重要申请人分析

图 4-8 所示为金属提取技术专利排名前 10 位的重要申请人，其中高等院校和科研院所有 4 个，企业有 6 个。

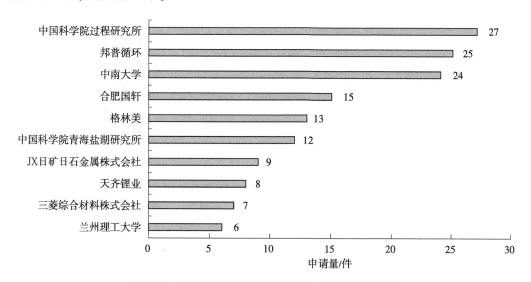

图 4-8　金属提取技术专利排名前 10 位的重要申请人

排名前 2 位的分别为中国科学院过程研究所和邦普循环，专利申请量分别为 27 件和 25 件。中南大学申请量为 24 件，居第 3 位。合肥国轩、格林美、中国科学院青海盐湖研究所均在 15 件左右。由此可见，该领域的技术多为高等院校、科研院所及与能源和锂电池相关的企业掌握。从产业链的角度可以看出，企业已经开始由注重产品到注重产品的回收再利用等，产业链有所扩展。

4.3.4　技术发展历程

从 335 件关于金属提取的技术专利中选取 147 件能明显说明提取方法的专利，绘制不同提取方法技术申请时间分布图（见图 4-9）。可以看出 2010 年以前，金属提取技术主要集中于沉淀法和金属浸出法，技术相对单一；2010 年后技术开始逐渐发展，萃取法和电化学法相继出现；2014 年后进入金属提取技术发展的快速期，电化学法、膜技术、氧化法和还原法相继出现，但在此阶段占主导地位的仍为沉淀法、萃取法和金属浸出法，氧化法和还原法的技术始终属于小众；膜技术相对数量也较少，仅在 2017—2019 年出现过；近两年，除沉淀法和金属浸出法外，其他技术发展相对缓慢，初步预测金属提取技术或进入技术瓶颈期或攻克期，平行技术与替代技术还未大规模出现。

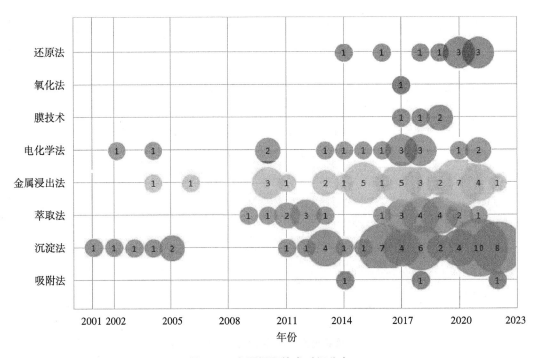

图 4-9　金属提取技术时间分布

表 4-2 为金属提取技术的发展阶段，根据某一技术出现的时间，选取该技术类别下第一次出现的技术专利作为代表。

由表可见，在锂电池回收的金属提取技术中，沉淀法出现较早，2001 年就出现了相关专利申请——TW（CN）90114598 Metal recovery method of wasted Lithium ion battery using sulfuric acid。该发明提供了一种从废弃锂电池中回收金属的新技术，其可以回收具有含量高（>99%）的金属，如铜和钴。该发明还公开了一种锂电池的处理方法，将废旧锂电池在高温炉中焚烧分解除去有机电解质，制粒、筛分、分离，用磁分离或涡流分离处理，将铁壳、铜箔、铝箔等碎料从筛余料中分离出来，用硫酸和过氧化氢的混合溶液对筛余料进行溶解处理，通过调节溶解溶液过滤滤液的 pH，沉淀出铁离子和铝离子，其中金属铜和金属钴通过电解进行电解离解，以及通过向电解后的富锂离子溶液中添加碳酸盐以形成碳酸锂沉淀剂来有效地回收锂。

2002 年首次出现电化学法专利——JP2002382372 锂离子电池钴回收方法及钴回收系统。该发明能够以高回收率从废锂电池、制造不良电池及正极不良品高效地回收钴，进而提高钴回收作业的安全性。工序包括从由正极不良品得到的提取残渣和由废锂电池及制造不良电池得到的磁化物中提取钴的工序、去除该钴提取液中含有的杂质而得到钴清洁液的工序、由该钴清洁液生成氢氧化钴滤饼的工序，以及将以该氢氧化钴滤饼为电解质的钴的电解液电解而析出金属钴的工序。

2004 年首次出现金属浸出法专利——KR20040067481 从废锂离子电池正极材料中收集含钴化合物的方法。该发明涉及一种从废锂离子二次电池的阴极材料中回收钴化合物的方法，更具体地说，涉及从阴极材料和涂覆在箔上的含钴活性材料中回收含有构成阴极材料的铝箔的酸性溶液。氢氧化钴在还原气氛下从分离的活性物质中浸出，并在高速反应器中与碱反应以制备氢氧化钴，并稳定氢氧化钴。通过添加二价钴以防止氧化和老化来生产 β 型第一氢氧化钴，不仅可以以低成本制造高质量的钴化合物，而且可以使用废阳极材料来防止污染。

2019 年首次出现萃取法专利——KR20090116570 用锂离子电池和三元正极材料回收的 CMB 催化剂的制备方法。该发明涉及一种从废电池材料中回收钴和锰的方法，以及一种在制造废锂离子电池粉末和三元阴极活性材料的过程中使用该方法生产 Co-Mn-Br 液体催化剂的方法。钴和锰回收方法，其特征是通过对产生的废料依次应用硫酸还原浸出、中和滴定、固液分离、溶剂萃取和水洗工艺来回收钴和锰。根据该发明，在从制造锂离子电池和三元正极活性材料的过程中产生的副产品中回收钴和锰的同时，通过提高杂质的去除率和回收率，可以回收高纯度钴和锰，回收溶液可用作生产 CMB 液体催化剂的原料。

2014 年首次出现还原法专利——KR20140015664 从废旧锂电池阴极活性物质中回收有价金属的方法，涉及一种通过废锂电池正极材料的氢还原或碳还原分离锂化合物的方法。该发明还涉及一种回收有价金属的方法。更具体地说，回收有价金属的方法可以是经济的，因为它可以省略净化添加的反应物以回收有价金属的步骤，还可以高纯度和高回收率地从废锂离子电池的正极材料中提出锂化合物。镍、钴和锰等金属化合物可以分别回收。

2014 年首次出现吸附法专利——CN201410220186.1 一种用介孔分子筛分离回收废

旧锂离子电池中锂的方法。该发明涉及从废旧锂电池中回收锂的方法，特别涉及用介孔分子筛分离回收废旧锂电池中锂的方法。具体方法为：对介孔分子筛改性，使分子筛中带有-SH，将电芯浸泡在过量酸中，调整体系的 pH，过滤除去杂质及沉淀物，得到待处理料液；用改性后的介孔分子筛对待处理料液进行吸附处理，得到含 Li 离子的溶液；向含 Li 离子的溶液中加入沉淀剂，分离、干燥得到固体。该发明工艺简单、环境友好，并且所得锂的纯度高，成本低廉，便于推广应用。

2017 年出现膜技术专利——CN201711438929.2 一种镍钴锰酸锂三元聚合物电池正极废料回收方法。该发明公开了一种镍钴锰酸锂三元聚合物电池正极废料回收方法，回收的镍钴锰酸锂电池的正极废料在酸性条件下制浆、还原和浸出，并用碱液调节 pH 以沉淀镍钴锰，通过加压和过滤获得中间产物，其可用于调节水钴矿生产过程中除铁过程的 pH，并代替除铁过程中添加碳酸钠。过滤后的氢氧化锂溶液通过聚合物 PE 微孔膜进一步纯化，并缓慢加入磷酸盐溶液。溶液的 pH 由碱液控制。将反应产物老化、离心、在水中洗涤并通过微波干燥以获得微米级磷酸锂。

2017 年还出现了氧化法专利——CN201711338938.4 一种从废旧磷酸铁锂电池正极材料中回收有价金属的方法。该发明公开了如下步骤：①将分解破碎的磷酸铁锂电池正极材料充分煅烧氧化，使电池正极材料中的 Fe、Li 金属元素通过煅烧氧化生成 Fe_2O_3、$FePO_4$、Li_3PO_4；②将步骤①充分焙烧氧化后的煅烧料浸泡在稀酸溶液中，使煅烧料中的 Li_3PO_4 充分溶解，并进行过滤，实现 Li_3PO_4 与焙烧料中的 Fe_2O_3 和 $FePO_4$ 的分离；③取步骤②处理后的滤液，将滤液调整为碱性，使滤液中的 Li_3PO_4 直接析出，实现固体 Li_3PO_4 的回收。该发明所述方法，工艺流程短、操作简单、价格低、环境友好，可优先回收磷酸铁锂电池正极材料中的高品位金属锂，具有广阔的工业应用前景。

表 4-2 金属提取技术发展阶段

技术	2001 年	2002 年	2004 年	2009 年	2014 年	2017 年
吸附法					CN2014102 20186.1 一种用介孔分子筛分离回收废旧锂离子电池中锂的方法	

技术	2001 年	2002 年	2004 年	2009 年	2014 年	2017 年
沉淀法	TW（CN）90 114598 Metal recovery method of wasted Lithium ion battery using sulfuric acid					
萃取法				KR20090116570 用锂离子电池和三元正极材料回收的 CMB 催化剂的制备方法		
金属浸出法			KR20040067481 从废锂离子电池正极材料中收集含钴化合物的方法			
电化学法		JP2002382 372 锂离子电池钴回收方法及钴回收系统				
膜技术						CN2017114389 29.2 一种镍钴锰酸锂三元聚合物电池正极废料回收方法
氧化法						CN2017113389 38.4 一种从废旧磷酸铁锂电池正极材料中回收有价金属的方法
还原法				KR201400156 64 从废旧锂电池阴极活性物质中回收有价金属的方法		

4.3.5 重点技术对比分析

本小节选取具有同族专利且被引证较多的专利作为该领域、该技术的主要代表专利，以同族专利数量优先，选取同族专利数在5件以上，同时被引证次数大于或等于2次的专利共5件（见表4-3），以这些专利为基础进行分析。

表 4-3 金属提取重点技术对比分析

序号	申请号	提取方法	提取元素	技术功效	同族专利数/件	被引证次数
1	CN201680044201.9	物理过程	锂、钴	分离最大量的元素，节约成本，环境友好	17	2
2	CN201880062168.1	溶剂萃取法	锂、钴、锰	可处理所有类型的锂电池，具有一定的经济性	7	2
3	EP15846479	溶剂浸出法	镍、钴、锰、铁	可有效地降低处理成本	7	2
4	PCTIB2016053811	物理过程	钴、锂	回收有价金属，节约成本，环境友好	17	8
5	KR20197031829	溶剂萃取法	锂	有效回收锂离子电池废料中包含的锂	10	3

同族专利是指基于同一优先权文件，由不同国家或地区的专利组织申请、公布或者批准的具有相同或者基本相同内容的一组专利文件。对同族专利进行分析，有助于快速识别某项技术的重要性。专利家族越大，全球区域分布越广，意味着专利的成本在分布中越高，而这往往与核心技术有关。从同族专利的地域分布角度，可以分析专利权人的市场发展方向和经营策略，了解一项发明的潜在技术市场和经济影响范围，规避侵权风险。专利引证量是一件专利在后来的专利或非专利文献中被引证的总数。引证数量是专利技术影响力的标示量。通常每件专利的引证量作为专利相关重要性的标示量。如果一件专利被引用（如5次、10次、20次或更多次），那么该专利很可能包含一种重要的技术发展趋势，很多后来的专利是在其基础上研究出来的。具有明显创新性的专利会更多地被引用。

CN201680044201.9涉及从使用过的锂离子电池中回收有价值的金属的改进工艺和

方法。更特别地，该发明提供了一种用于回收钴和锂以及其他有价值的金属的方法，其中所述方法主要包括物理分离过程，从而限制用于移除少量杂质的化学品的使用。通过物理过程代替化学过程来分离最大量的元素，这体现出了在液体和固体流出物的化学处理中节约成本的益处。化学品仅用来溶解来自电解质中的少量杂质，其使所述工艺在经济上具有吸引力。这使得回收有价值的金属的方法是环境友好的。同族专利数 17 件，被引证 2 次。

CN201880062168.1 提供了一种回收锂电池的方法，包括：将锂电池切开，将残渣浸入有机溶剂中；将斩碎的电池残渣放入干燥器中，产生气态有机相和干电池残渣；将干电池残渣放入磁选机中去除磁性颗粒；研磨非磁性电池渣；将细颗粒与酸混合，得到金属氧化物浆，浸出金属氧化物浆；过滤浸出液，去除不可浸出的金属；将浸出液注入硫化沉淀槽；中和浸出液；将浸出液与有机萃取溶剂混合；采用溶剂萃取和电解从浸出液中分离钴和锰；硫酸钠从水相结晶；向液体中加入碳酸钠，将碳酸钠与液体加热，产生碳酸锂沉淀；干燥和回收碳酸锂。同族专利数 7 件，被引证 2 次。

EP15846479 提供了一种锂电池废物的浸出方法和从锂电池废料中回收金属的方法，其可以有效地降低处置成本。该发明的锂电池废料的浸出方法包括当使用酸性溶液提取含镍和/或钴以及锰和/或铁的锂离子蓄电池废料时以下金属浸出过程：将废料添加到酸性溶液中，其中首先对锰和/或铁进行沥滤，使得锰和/或铁的金属离子存在于酸性溶液中，然后在存在所述锰和/或铁的金属离子的该酸性溶液中，使所述废料中所含的镍和/或钴与所述锰和/或铁的金属离子接触，由此使镍和/或钴浸出。同族专利数 7 件，被引证 2 次。

PCTIB2016053811 涉及从用过的锂电池中回收有价金属的改进工艺和方法。更具体地，该发明提供了一种回收钴和锂以及其他有价金属的方法，这种方法主要包括用于分离的物理过程，特别是湿式筛分浆液，它限制了用于去除二次杂质的化学品的使用。大多数元素是通过物理方法而不是化学方法分离的，有利于节省液体和固体废水的化学处理成本。化学物质只用于溶解电解液中的少量杂质，使得这种方法在经济上具有吸引力，且更加环保。同族专利数 17 件，被引证 8 次。

KR20197031829 提出了依次对锂电池废料进行焙烧、破碎及分离的工艺，包括如下工序：在焙烧过程与破碎过程之间，在破碎过程与裂解过程之间，或在裂解过程之后，使锂电池废料与水接触，将锂电池废料中所含的锂溶解在上述水中，得到锂溶液的锂溶解过程；在溶剂提取的同时将锂溶液中所含的锂离子反向提取，并对锂离子进行浓缩液，得到锂溶液的锂浓缩液；将锂浓缩液中的锂离子进行碳酸化来获得碳酸锂的碳酸化工序。同族专利数 10 件，被引证 3 次。

4.3.6　锂、钴、镍提取方法专利分析

表 4-4 所示为锂、钴、镍提取方法专利数量，在物质回收金属提取专利中，涉及锂、钴和镍提取的专利数量分别为 233 件、148 件和 85 件。其中许多专利技术是同时提取多种元素，在此以单独提取金属元素来进行统计。

表 4-4　锂、钴、镍提取方法专利数量　　　　　　　单位：件

金属提取方法	提取锂	提取钴	提取镍
未清楚描述	98	62	30
化学沉淀法	48	16	8
溶剂浸出法	26	30	20
膜分离	4	0	0
氧化法	1	0	0
还原法	9	5	4
电化学法	12	9	4
萃取法	14	13	12
吸附法	3	0	0

从表 4-4 中可以看出，针对三种金属的提取，有超过 30% 的专利并没有明确提及提取的方法，该部分专利的侧重点并不是一种金属的提取，而是整体回收工艺流程或综合利用过程的描述。对于锂来说，化学沉淀法是专利数量较多的提取方法，其次是溶剂浸出法，既包含溶剂浸出，也包含金属的浸出，同时电化学法和萃取法也是锂金属常见的回收方法。

钴和镍与锂的提取方法略有不同，对于金属钴，溶剂浸出法是常用方法，然后是化学沉淀法和萃取法；金属镍的常用方法也是溶剂浸出法，但其萃取法的应用要多于化学沉淀法。

对于金属锂而言，还有一些其他的提取方法，如膜分离、氧化法、吸附法，但是未见涉及金属钴和镍的这些分离方法，这也是它们的明显区别之处。

4.4　电解液回收和处理重点技术分析

本节对电解液回收和处理的技术进行分析，第 4.4.1~4.4.3 小节选取物质回收一级技术分支下电解液回收和处理二级技术分支下的专利与回收设备一级技术分支下物质回收二级技术分支下电解液回收和处理专利作为数据分析基础。第 4.4.4~4.4.5 小节中专利申请技术构成分析，主要对物质回收一级技术分支下的专利进行分析。

4.4.1　专利申请趋势分析

图 4-10 所示为电解液回收和处理技术专利申请趋势，共有 268 件专利。从图 4-10 中可以看出，电解液回收和处理的专利技术申请主要分为两个阶段。

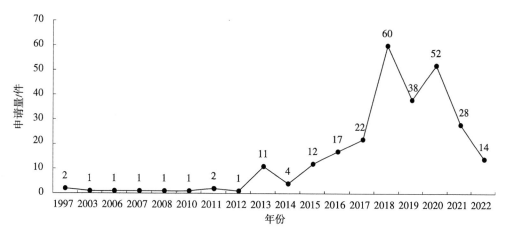

图 4-10　电解液回收和处理技术专利申请趋势

注：1998—2002 年、2004—2005 年、2009 年无专利申请。

第一阶段为 1997—2017 年。该阶段专利从无到有，从有到多。首件专利产生于 1997 年。

第二阶段为 2018 年至今。该阶段专利的数量处于波动变化中，有一定的下降。

4.4.2　技术来源国/地区分析

图 4-11 所示为电解液回收和处理技术来源国/地区分布。其中，90% 的技术来自中国，具体来源省份如图 4-12 所示；6% 的技术来自日本，美国和德国等所占比例不足 1%。

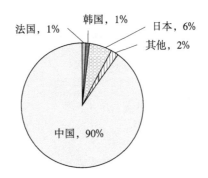

图 4-11　电解液回收和处理技术来源国/地区分布

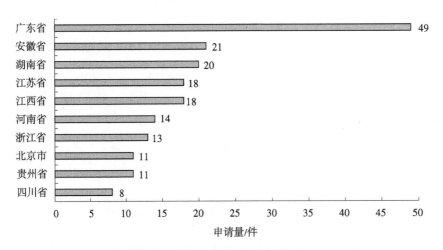

图 4-12　电解液回收和处理技术来源排名前 10 位的省份

在来自中国的技术中，广东省最多，为 49 件；安徽省为 21 件，居第 2 位；湖南省为 20 件，紧随其后；江苏省、江西省的技术为 18 件，并列第 4 位。从技术来源的地域看，主要集中于珠三角和长三角地区，这也和新能源汽车的发展密切相关，伴随着产业的发展，锂电池回收技术的发展也较为超前。

4.4.3　重要申请人分析

图 4-13 所示为电解液回收和处理技术专利排名前 10 位的重要申请人，其中高等院校和科研院所有 3 个，企业有 7 个。

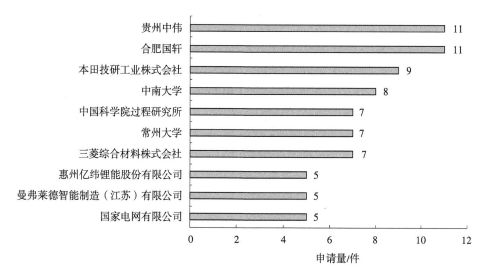

图 4-13　电解液回收和处理技术专利排名前 10 位的重要申请人

排名并列第 1 位的分别为贵州中伟和合肥国轩，专利申请量均为 11 件；本田技研工业株式会社专利申请量为 9 件，居第 3 位；中南大学专利申请量为 8 件，紧随其后。中国科学院过程研究所、常州大学和三菱综合材料株式会社专利申请量均为 7 件。由此可见，该领域的技术多为高等院校、科研院所及与能源和锂电池相关的企业掌握，从产业链的角度可以看出，企业已经开始由注重产品到注重产品的回收再利用等，产业链已得到扩展。

4.4.4　技术发展历程

在物质回收一级技术分支下，关于电解液回收和处理的专利有 94 件，绘制不同回收技术专利申请时间分布图（见图 4-14）。可以看出，物理湿法和常温干法是电解液回收和处理领域最早出现的技术，于 1997 年首次提出，在 2006 年之前，该领域基本只有这两种技术。

2006 年，首次出现了化学湿法，但是后续技术没有接续。直到 2011 年以后，抽真空挤压和高温处理等回收技术陆续出现，但开始几年专利申请量也不多。2015—2017年，物理湿法技术有了一定的发展；2017年以后，电解液回收和处理技术进入了快速发展阶段，高温处理、化学湿法和物理湿法都取得了较大的发展。

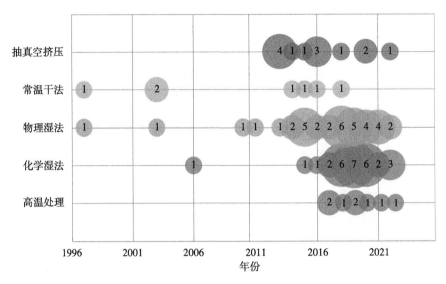

图4-14　电解液回收和处理技术时间分布

表4-5为电解液回收和处理技术的发展阶段，根据某一技术出现的时间，选取该技术类别下第一次出现的技术专利作为代表（化学湿法除外）。

1997年首次出现常温干法中的冷冻技术——EP04000549密封式电池组件的回收工艺。该发明包括至少一个阴极、阳极和封闭在电池外壳中的电解质，其中电解质包括溶剂的电解质溶液，电解质以液态或通过使用固化聚合物固化，并设置在所述阴极和所述阳极之间，所述方法按规定顺序包括以下步骤：通过冷却封闭电池来降低阴极和阳极之间的离子电导率，如果使用固化聚合物固化电解质，则温度低于固化聚合物的玻璃化转变温度，或低于电解质溶液溶剂的冰点，以及打开密封电池的电池外壳的步骤。该方法还包括，用于通过用另一溶剂洗涤来从打开的电池中除去电解质，然后用于将电池的剩余部分分离成单个电池组件，并用于分别回收阴极和阳极。

同期出现的物理湿法中的萃取技术为JP6560397收集密封电池固件的方法和装置。该发明通过取出电池壳中的电解液或电解液中的溶剂，降低正负电极之间的离子导电性，然后打开电池壳，安全回收电池组件，不发生分解或损坏。

2011年首次出现物理湿法的溶剂浸出技术——CN201110427431.2一种回收废旧锂离子电池电解液的方法。该发明所述的方法主要包括以下步骤：清洁收集的锂离子电池，将其放电，并将其放在干燥的房间或惰性气体保护的手套箱中；打开电池，小心地取出电解液并将其放入油箱；将电解质中所含的有机溶剂通过高真空减压蒸馏分离，然后蒸馏和纯化后回收；将粗六氟磷酸锂放入溶解釜中，加入氟化氢溶液溶解回收的六氟磷酸钠；然后将溶液过滤到结晶釜中进行结晶和纯化、筛选、干燥、包装和回收，以获得产品六氟磷酸锂。该方法简单、实用、高效、易于控制、清洁环保，实现了经济效益与环境效益、社会效益的紧密结合。

2013 年首次出现抽真空挤压技术——CN201310374644.2 一种收集废旧锂离子电池电解液的方法及装置。该发明公开了一种收集废旧锂电池电解液的方法及装置，属于锂电池回收技术领域。该方法包括以下步骤：①将废旧锂电池倾斜放置 12~72 h，使电池内部的电解液集中在一起便于导出；②在步骤①的电池上切口，再将电池切口朝下倾斜置于相对压力为-0.09~-0.05 MPa 的真空环境中，保持压力 2~20 min，收集流出的电解液；③再从步骤②的电池中取出电芯，挤压电芯收集电解液，并与步骤②中电解液合并即可。该发明采用抽真空—挤压工序收集电解液，工艺简单、实用高效且易于控制，具备工业再现性，可实现批量化和连续化生产。

同年首次出现常温干法中的离心技术——CN201310290286.7 废旧锂离子电池电解液的回收方法。该发明具体为将外壳打开后的圆柱形锂离子电池在惰性气体保护下，通过超高速离心法将电解液从锂离子电池中分离出来并回收。该方法不仅工艺简单、投入资金比较少，而且清理比较干净，高效环保；回收后的产品可以进行二次利用，节省了能源。

2015 年首次出现了化学湿法中的化学转化技术——CN201510284576.X 一种废旧锂离子电池电解液资源化利用和无害化处理的方法及装置。该发明公开的内容为：步骤 1，将废锂电池完全放电并保留电池芯；步骤 2，将装有溶剂的反应池放在磁力加热搅拌器上进行水浴加热，温度为 50~90 ℃；步骤 3，在溶剂中浸渍电芯；步骤 4，向反应溶液中加入少量水，同时加入磷酸锂。在反应过程中，搅拌速度被控制为 200~800 r/min，反应时间为 0.5~6 h，以生成含有二氟磷酸锂的溶液。惰性气体被送入反应罐以促进反应过程中产生氟化氢气体，排出的氟化氢被吸收器吸收。通过过滤回收工艺产品氟化锂。该发明有效地实现了电解质盐和有机溶剂资源的回收利用，优化了资源配置，促进了资源的二次利用，节约了能源。

2015 年还首次出现了物理湿法中的超临界 CO_2 法——CN201511029669.4 废旧锂离子电池电解液的二氧化碳亚临界萃取回收再利用方法。该发明涉及的废锂电池电解液二氧化碳的亚临界提取和回收方法是通过以下步骤实现的：完全放电后拆卸废锂离子蓄电池，拆下外壳、正负极端片、密封圈和盖板；电解质、具有正负电极材料的流体收集器和隔膜都被转移到超临界萃取装置中；调整超临界二氧化碳流体的温度、压力、萃取时间和流速，然后提取有机溶剂和添加剂；分析所得溶剂的组成；根据分析结果，通过调整比例，添加电解质盐、有机溶剂和添加剂以制备不同的功能电解质。该发明有效地防止了热敏物质的降解和逸出；操作易于控制、提取、分离和回收，省去了复杂的后处理程序，资源利用率较高。

2017年首次出现了高温处理技术——CN201710115795.4一种废旧锂离子电池电解液回收方法。该发明公开的主要步骤包括：①使废电池短路放电；②在负压空间内拆卸并砸碎电池；③将干热气体吹入负压空间中压碎的电池碎片中，使电解液挥发；④冷凝、过滤、加碱去除挥发性成分中的氟，得到相对纯净的有机溶剂，对剩余气体和固体颗粒进行无害化处理。该发明利用负压环境对电池进行拆卸，通过热风流动增加与电池碎片的接触面积，形成稳定而强劲的气流，高效而简单地回收电解液溶剂，成本低。同时对电解液中的有害物质进行无害化处理，实现环保和工业回收。

2017年还首次出现了化学湿法中的水洗转化技术——CN201711135716.2一种锂电池的正极及电解液混合回收方法。该发明公开的内容有：将电池正极材料与电解液按照1∶1的质量比在热水中混合，然后在密闭容器中低温加热搅拌滤出氟化锂沉淀物；将滤液注入下一饱和碳酸钠溶液中，得到非金属锂碳酸盐沉淀物，再经热处理破碎筛分分离非金属锂。该发明通过电解液中六氟磷酸锂水解生产氢氟酸溶解正极材料，有效克服了锂电池正极材料和电池电解液需要单独处理的缺陷，即在处理过程中增加了额外的酸溶解处理，会对生物环境和人员安全健康造成隐患。该技术实现了正极材料和电解液的同时回收，无须额外添加酸，减少了对环境的污染，且反应过程封闭，操作安全性高，工艺简单，易于实现连续生产。

2018年首次出现了化学湿法中的碱吸收技术——CN201810311526.X废旧锂离子电池电解液的回收方法。该发明涉及从废锂离子电池中提取电解液后，依次向电解液中加入含铝剂和碱性调节剂，分阶段调节反应体系的pH并进行过滤操作，依次得到锂盐和滤液。这些回收的物质用途不同，可以进一步回收利用，大大提高了电池电解液的回收率和副产物的利用价值。

2019年首次出现了化学湿法中的吸附技术——CN201910420135.6一种废锂离子电池电解液的回收处理方法。该发明公开的内容有：在收集废锂电池电解液后，用TiO_2离子筛—多孔CaO复合材料进行搅拌吸附，再过滤，得到的滤渣用盐酸溶液浸出，得到锂离子回收用的含锂溶液；滤液经过真空蒸馏以回收电解液中的有机溶剂。该发明方法回收的有机溶剂纯度高，用于再制造锂离子电池时，不会对电池的回收性能产生不良影响，且工艺简单、易于操作，产生的废弃物性质稳定，不易流失到环境中，对环境威胁小。

表4-5　电解液回收和处理技术发展阶段

技术		1997年	2011年	2013年	2015年	2017年	2018年	2019年
高温处理						CN2017101 15795.4 一种废旧锂离子电池电解液回收方法		
化学湿法	化学转化				CN2015102 84576.X 一种废旧锂离子电池电解液资源化利用和无害化处理的方法及装置			
	水洗转化					CN2017111 35716.2 一种锂电池的正极及电解液混合回收方法		
	吸附							CN2019104 20135.6 一种废锂离子电池电解液的回收处理方法
	碱吸收						CN2018103 11526.X 废旧锂离子电池电解液的回收方法	

续表

技术		1997 年	2011 年	2013 年	2015 年	2017 年	2018 年	2019 年
物理湿法	超临界CO$_2$				CN201511029669.4废旧锂离子电池电解液的二氧化碳亚临界萃取回收再利用方法			
	溶剂浸出		CN201110427431.2一种回收废旧锂离子电池电解液的方法					
	萃取	JP6560397收集密封电池固件的方法和装置						
常温干法	离心			CN201310290286.7废旧锂离子电池电解液的回收方法				
	冷冻	EP04000549密封式电池组件的回收工艺						
抽真空挤压				CN201310374644.2一种收集废旧锂离子电池电解液的方法及装置				

4.4.5　重点技术对比分析

本小节选取具有同族专利且被引证较多的专利作为该领域、该技术的主要代表专利，以同族专利数量优先，选取同族专利数在 10 件以上的专利共 4 件，以这些专利为基础进行分析（见表 4-6）。

表 4-6　电解液回收和处理重点技术对比分析

申请号	回收方法	技术功效	同族专利数/件	被引证次数
CN202210001078. X	冷冻	不再进行电化学反应，不添加附加的材料，运输安全	15	0
EP04000549	冷冻	可以安全地回收电池组件而不被劣化或损坏，可以以高恢复率实现密封型电池的部件的安全恢复	17	12
EP03703755	超临界 CO_2	使用超临界流体从能量储存和/或转化装置中除去电解质，设备简单、易于操作	17	2
JP6560397	萃取	能够安全且不变质地回收构成电池的构件，能够实现安全且回收率高的密闭型电池构件的回收	17	18

CN202210001078. X 为用于处理用过的电池，特别是能充电的电池的方法和电池处理设备。该发明涉及一种废旧电池特别是锂电池的处理方法，其步骤如下：将电池粉碎，得到粉碎材料；使粉碎物料失活，得到失活的粉碎物料；并将灭活的碎料装入运输容器。该发明提出通过干燥粉碎后的材料来实现失活，通过冷却和/或增加压力来冷凝电解液的组分，形成电解液冷凝物。同类专利数 15 件，被引证 0 次。

EP04000549 为密封式电池组件的回收工艺。该发明涉及用于回收密封型电池的组成部件的方法和设备。更具体地，该发明涉及一种用于安全且有效地打开密封型电池以回收其组成成分的方法和设备。同族专利数 17 件，被引证 12 次。

EP03703755 为使用超临界流体从能量存储和/或转换装置移除电解质的方法。该方法包括将所选装置放置在容器中，向容器中添加流体，调节容器中流体的温度和压力中的至少一个，以从容器中的流体形成超临界流体，将超临界流体暴露于电解质中，以及从容器中移除超临界流体，其中移除超临界流体导致从容器中移除电解质。同族专利数 17 件，被引证 2 次。

JP6560397 为收集密封电池部件的方法和装置，安全且无变质损伤地回收密闭型电池的构成部件。在密闭型电池构成部件的回收方法中，其特征在于，具有至少使正极与负极间的离子传导率降低的工序和在该工序之后将电池壳体开封的工序。同族专利数 17 件，被引证 18 次。

第5章
Chapter 5 **重点专利权人分析**

近年来，国家频繁出台相关政策扶持、规范新能源汽车电池回收利用业务，给正规企业布局废旧电池回收专利提供了有力支持，而公布符合《新能源汽车废旧动力蓄电池综合利用行业规范条件》的企业（业内俗称"白名单"），则表明国家给予相关企业在废旧电池回收利用方面的一张"通行证"。

2018年9月5日，工业和信息化部公布了符合《新能源汽车废旧动力蓄电池综合利用行业规范条件》的企业名单（第一批）。

2021年1月21日，工业和信息化部公布了第二批符合《新能源汽车废旧动力蓄电池综合利用行业规范条件》的企业名单，共包含22家企业。

2021年12月23日，工业和信息化部公布了符合《新能源汽车废旧动力蓄电池综合利用行业规范条件》的企业名单（第三批），共有20家企业入选。

2022年12月16日，工业和信息化部公布了符合《新能源汽车废旧动力蓄电池综合利用行业规范条件》的企业名单（第四批），共包含41家企业。

具体名单见表5-1~表5-4。

表5-1　第一批公布的企业名单

序号	所属地区	企业名称
1	浙江省	衢州华友钴新材料有限公司
2	江西省	赣州市豪鹏科技有限公司
3	湖北省	荆门市格林美新材料有限公司
4	湖南省	湖南邦普循环科技有限公司
5	广东省	广东光华科技股份有限公司

表 5-2 第二批公布的企业名单

序号	所属地区	企业名称	申报类型
1	北京	蓝谷智慧（北京）能源科技有限公司	梯次利用
2	天津	天津银隆新能源有限公司	梯次利用
3		天津赛德美新能源科技有限公司	再生利用
4	上海	上海比亚迪有限公司	梯次利用
5	江苏	格林美（无锡）能源材料有限公司	梯次利用
6	浙江	衢州华友资源再生科技有限公司	梯次利用 再生利用
7		浙江天能新材料有限公司	再生利用
8	安徽	安徽绿沃循环能源科技有限公司	梯次利用
9	江西	中天鸿锂清源股份有限公司	梯次利用
10		江西赣锋循环科技有限公司	再生利用
11		赣州市豪鹏科技有限公司	梯次利用
12	河南	河南利威新能源科技有限公司	梯次利用
13	湖北	格林美（武汉）城市矿产循环产业园开发有限公司	梯次利用
14	湖南	湖南金源新材料股份有限公司	再生利用
15	广东	深圳深汕特别合作区乾泰技术有限公司	梯次利用
16		珠海中力新能源科技有限公司	梯次利用
17		惠州市恒创睿能环保科技有限公司	梯次利用
18		江门市恒创睿能环保科技有限公司	再生利用
19		广东佳纳能源科技有限公司	再生利用
20	四川	四川长虹润天能源科技有限公司	梯次利用
21	贵州	贵州中伟资源循环产业发展有限公司	再生利用
22	厦门	厦门钨业股份有限公司	再生利用

表 5-3 第三批公布的企业名单

序号	所属地区	企业名称	申报类型
1	河北	河北中化锂电科技有限公司	再生利用
2	江苏	蜂巢能源科技有限公司	梯次利用
3		江苏欧力特能源科技有限公司	梯次利用
4		南通北新新能源科技有限公司	再生利用

序号	所属地区	企业名称	申报类型
5	浙江	浙江天能新材料有限公司	梯次利用
6		杭州安影科技有限公司	梯次利用
7		浙江新时代中能循环科技有限公司	梯次利用 再生利用
8	安徽	安徽巡鹰动力能源科技有限公司	梯次利用
9		合肥国轩高科动力能源有限公司	梯次利用
10		池州西恩新材料科技有限公司	再生利用
11	福建	福建常青新能源科技有限公司	再生利用
12	江西	江西天奇金泰阁钴业有限公司	再生利用
13		江西睿达新能源科技有限公司	再生利用
14	湖南	长沙矿冶研究院有限责任公司	梯次利用
15		湖南凯地众能科技有限公司	再生利用
16		金驰能源材料有限公司	再生利用
17		湖南金凯循环科技有限公司	再生利用
18	广东	江门市朗达锂电池有限公司	梯次利用
19		广东迪度新能源有限公司	梯次利用
20	陕西	派尔森环保科技有限公司	梯次利用 再生利用

表 5-4　第四批公布的企业名单

序号	所属地区	企业名称	申报类型
1	天津	天津巴特瑞科技有限公司	梯次利用
2		天时力（天津）新能源科技有限责任公司	梯次利用
3		天津动力电池再生技术有限公司	梯次利用
4	河北	风帆有限责任公司动力电源分公司	梯次利用
5		北汽鹏龙（沧州）新能源汽车服务股份有限公司	梯次利用
6		河北顺境环保科技有限公司	再生利用
7	吉林	富奥智慧能源科技有限公司	梯次利用
8		吉林铁阳盛日循环科技有限公司	再生利用

续表

序号	所属地区	企业名称	申报类型
9	上海	鑫广再生资源（上海）有限公司	梯次利用
10		上海毅信环保科技有限公司	梯次利用
11		上海伟翔众翼新能源科技有限公司	梯次利用 再生利用
12	江苏	江苏华友能源科技有限公司	梯次利用
13	浙江	浙江立鑫新材料科技有限公司	再生利用
14	安徽	安徽海螺川崎节能设备制造有限公司	再生利用
15		安徽南都华铂新材料科技有限公司	再生利用
16	福建	龙海协能新能源科技有限公司	梯次利用
17	江西	上饶市环锂循环科技有限公司	梯次利用
18		江西睿达新能源科技有限公司	梯次利用
19		全南县瑞隆科技有限公司	再生利用
20		赣州腾远钴业新材料股份有限公司	再生利用
21		赣州市力道新能源有限公司	再生利用
22	山东	山东绿能环宇低碳科技有限公司	梯次利用
23	河南	河南派洛德再生资源有限公司	梯次利用
24		河南再亮新能源再生有限公司	梯次利用
25		河南科隆电源材料有限公司	再生利用
26	湖北	武汉蔚澜新能源科技有限公司	梯次利用
27		骆驼集团资源循环襄阳有限公司	再生利用
28	湖南	长沙市安力威动力科技有限公司	梯次利用
29		湖南瑞科美新能源有限责任公司	梯次利用
30		湖南邦普汽车循环有限公司	梯次利用
31		湖南五创循环科技有限公司	再生利用
32		湖南天泰天润新能源科技有限公司	再生利用
33	广东	东莞市博森新能源有限公司	梯次利用
34		广东宇阳新能源有限公司	梯次利用
35		广州广汽商贸再生资源有限公司	梯次利用
36		深圳市杰成镍钴新能源科技有限公司	梯次利用
37	重庆	重庆弘喜汽车科技有限责任公司	梯次利用
38		重庆标能瑞源储能技术研究院有限公司	梯次利用

续表

序号	所属地区	企业名称	申报类型
39	贵州	贵州中伟资源循环产业发展有限公司	梯次利用
40		贵州红星电子材料有限公司	再生利用
41	甘肃	甘肃睿思科新材料有限公司	再生利用

5.1 中南大学

5.1.1 基本情况

中南大学坐落在中国历史文化名城——湖南省长沙市，占地面积317万平方米，跨湘江两岸，依巍巍岳麓，临滔滔湘水，环境幽雅，景色宜人，是求知治学的理想园地。学校设有30个二级学院，拥有享"南湘雅"美誉的湘雅医院、湘雅二医院、湘雅三医院3所大型三级甲等综合性医院及湘雅口腔医院。

中南大学资源循环研究院（原资源循环与环境材料研究中心）于2010年1月成立，2014年4月升级更名为资源循环研究院。该研究院依托中南大学有色金属学科群组建，致力于有色金属资源循环、清洁冶金及环境材料制备的基础研究和技术开发应用；拥有国内一流的分析检测、工程化研究条件和创新能力，是一个集人才培养、科学研究、工程转化于一体的综合性研究机构。该研究院现有教授、博士生导师6人，副教授12人，讲师6人，在站博士后12人，博士和硕士研究生60余人。

2017年，获批建设化学电源湖南省重点实验室，目的在于整合中南大学在化学电源、矿物、冶金、材料、化工和环境领域的学科交叉优势，构筑"矿物原料加工—电池关键材料—电池器件—废旧电池回收利用"的完整产业链研发平台，建设在国内领先并具有一定国际影响力的综合性研究平台，为提升我国化学电源产业链的核心竞争力和可持续发展提供人才和技术支撑。

2020年12月，依托资源循环研究院建设的全国循环经济工程实验室——失效动力电池资源循环利用实验室，在失效动力电池清洁回收与循环利用、有色金属资源综合利用等方面开展科学研究。

5.1.2 锂电池回收专利态势分析

1. 专利申请态势

图 5-1 所示为中南大学锂电池回收领域专利申请量的发展趋势，截至公开日 2022 年 9 月 13 日，中南大学锂电池回收领域共申请专利 70 件，从 2017 年开始该领域专利申请量突然增多，2017 年、2020 年分别达到了两个小高峰——14 件和 21 件，近两年数量有所下降，维持在 10 件左右。需要说明的是，由于发明专利自申请日起一般需要 18 个月才能予以公开等因素，2021—2022 年的数据不完整，不能反映当年的申请状况。

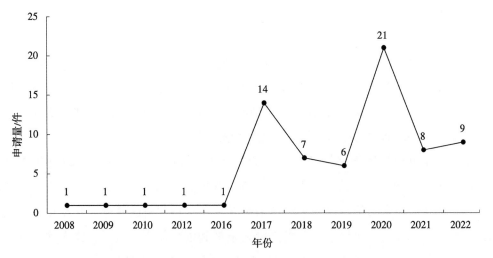

图 5-1 中南大学锂电池回收领域专利申请趋势

注：2011 年、2013—2015 年无专利申请。

2. 专利类型与法律状态

图 5-2 所示为中南大学锂电池回收领域专利类型与法律状态。该领域 70 件专利申请中，发明专利 66 件，实用新型专利 4 件。其中，有效专利 40 件，审中专利 20 件，无效专利 10 件（驳回 7 件，未缴年费 1 件，撤回 2 件）。

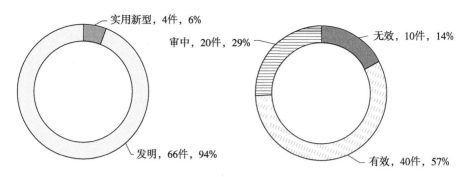

图 5-2　中南大学锂电池回收领域专利类型与法律状态

3. 专利申请发明人

图 5-3 所示为中南大学锂电池回收领域专利申请发明人情况，申请量 10 件以上的有赖延清和张凯。赖延清，现任中南大学冶金与环境学院教授，博士生导师，轻金属及工业电化学研究所副所长；中国有色金属学会轻金属冶金学术委员会委员、副秘书长，中国金属学会熔盐化学学术委员会委员，美国矿物、金属及材料学会（TMS）会员，国际电化学学会（IES）会员，美国化学学会（ACS）会员。赖延清一直从事电化学冶金（铝电解与湿法冶金电沉积）与材料电化学（锂电池、超级电容器及薄膜太阳电池）的研究。

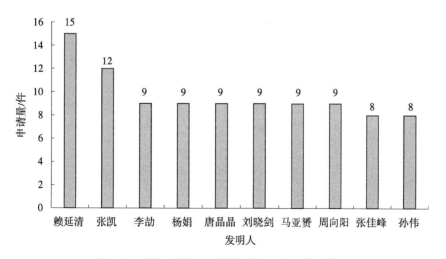

图 5-3　中南大学锂电池回收领域专利申请发明人

专利申请量为 9 件的发明人中，李劼，系中南大学校长助理，中南大学教授、博士生导师；教育部长江学者特聘教授，难冶有色金属资源高效利用国家工程实验室

（2021年优化重组后更名为低碳有色冶金国家工程研究中心）主任、先进电池材料教育部工程研究中心主任。李劼主要从事高效清洁铝冶金理论与技术、计算机仿真与控制、新能源材料与器件的研究。

4. 合作申请与专利转让

表5-5为中南大学锂电池回收领域合作申请的专利，70件专利申请中有18件为合作申请，占比26%。由此可以看出，中南大学比较注重产学研合作和联合科研创新，这也与锂电池回收领域的特点相关。在合作申请的专利权人中，科研院所有1个，企业有9个，由此可见，锂电池回收已经处于产业链中产业应用的位置，涉及能源、资源回收的企业会更加注重和关注锂电池回收技术和设备，有着比较强烈的技术需求，加强与企业合作，共同开发相关技术和设备，既有助于中南大学的技术"走出去"，也有助于企业缩短科研进程，可以直接应用科研成果，更好地为经济生产服务。

表5-5　中南大学锂电池回收领域合作申请的专利

序号	专利号	专利名称	合作单位
1	CN202010165898.3	一种废旧动力锂电池电解液回收再生的方法	长沙有色冶金设计研究院有限公司
2	CN202010165903.0	一种废旧动力锂电池带电破碎及电解液回收的装置	
3	CN202010166439.7	一种废旧锂离子电池负极回收并联产导电剂的方法	
4	CN202020293566.9	一种废旧动力锂电池综合回收处理装置	
5	CN201721693268.3	一种用于回收废旧锂电池的电解液的装置	广东芳源环保股份有限公司
6	CN201820044591.6	一种用于拆解圆柱形锂电池的拆分机	
7	CN201820045603.7	一种用于分离圆柱形锂电池的电芯的圆筒刀片	
8	CN201710103793.3	一种从废旧锂离子电池正极材料中回收有价金属的方法	广东佳纳能源科技有限公司
9	CN201710104559.2	一种基于电化学法从锂离子电池正极废料中浸出和回收金属的方法	
10	CN201711009072.2	一种废旧锂电池中有价金属浸出体系及浸出方法	
11	CN202011257850.1	一种从磷酸铁锂电池废极粉中分离微细粒铜的方法	湖南天泰天润新能源科技有限公司

续表

序号	专利号	专利名称	合作单位
12	CN202010166395.82	一种生物质废料协助下的废旧锂电池正极材料回收再生方法	湖南烯富环保科技有限公司、湖南宸宇富基新能源科技有限公司
13	CN202010166420.2	一种基于熔盐体系的废旧锂电池正极中有价组分回收方法	
14	CN202010166434.4	一种废旧锂离子电池负极材料的回收方法	
15	CN202010169460.2	一种废旧三元锂离子电池无需放电预处理的全资源回收方法	
16	CN201710106101.0	一种回收锂离子电池正极材料和集流体的方法	清远佳致新材料研究院有限公司
17	CN201810671868.2	一种废旧磷酸铁锂电池正极活性材料回收利用方法	中天储能科技有限公司、中天新兴材料有限公司、江苏中天科技股份有限公司
18	CN201810673127.8	提升废旧锂离子电池再生的正极活性材料电学性能的方法	

表 5-6 为中南大学锂电池回收领域转让专利，共涉及 5 件专利发生转让。2020 年，由中南大学和广东芳源环保股份有限公司共同申请的 3 件专利均转让给广东芳源环保股份有限公司。2022 年 5 月，中南大学将 2 件专利转让给广西埃索凯循环科技有限公司。由此可以看出，技术的需求方以企业为主体，该领域技术转让较为活跃，也体现了近年来相关产业的发展趋势。

表 5-6　中南大学锂电池回收领域转让专利

转让人	受让人	转让专利	时间
中南大学	广西埃索凯循环科技有限公司	CN201711463980.9 一种再生修复废旧锂离子电池正极材料的方法	2022.05.17
		CN201711466044.3 一种废旧锂离子电池正极材料再生的方法	2022.05.24
中南大学、广东芳源环保股份有限公司	广东芳源环保股份有限公司	CN201721693268.3 一种用于回收废旧锂电池的电解液的装置	2020.07.17
		CN201820044591.6 一种用于拆解圆柱形锂电池的拆分机	2020.07.17
		CN201820045603.7 一种用于分离圆柱形锂电池的电芯的圆筒刀片	2020.07.21

5.1.3 锂电池回收专利布局分析

图 5-4 所示为中南大学在锂电池回收领域相关专利技术主题申请趋势。可以看出，中南大学的前期处理技术发展较早，从 2008 年开始有专利技术申请，在 2018 年前也有一定的技术储备，近年来新申请专利也有该技术方向；物质回收技术一直是中南大学的关注重点，从 2009 年开始出现，无论是专利数量还是技术研究的时间，都占据领先位置；回收设备相关专利仅在 2017 年、2018 年和 2020 年略有出现，不是研究重点；工艺过程方向的专利技术从 2017 年开始出现，一直持续至 2021 年，这也是由于锂电池回收领域的修复利用技术的发展而产生的影响；综合利用技术与工艺过程方向发展相似，始于 2016 年，随后的大部分年份都有一定的技术产出，这也是锂电池回收行业未来发展的趋势。

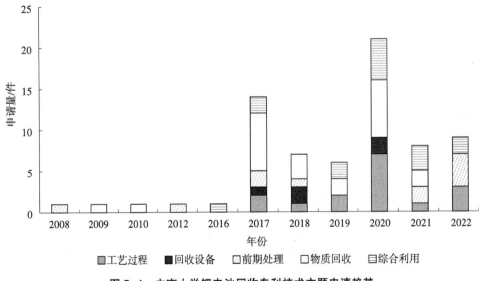

图 5-4　中南大学锂电池回收专利技术主题申请趋势

注：2011 年、2013—2015 年无专利申请。

中南大学在锂电池回收技术领域专利申请覆盖锂电池回收的全部技术分类，如表 5-7 所示。较多的技术分布在物质回收、工艺过程与综合利用上，更为具体的是在电芯回收、合成新的化合物和修复再生技术上，中南大学有一定的专利基础，形成了一定规模的专利布局。

表 5-7　中南大学锂电池回收专利技术分支

技术类别	专利数量/件	技术分支	专利数量/件
工艺过程	16	梯次利用	1
		干法冶金	1
		湿法冶金	2
		生物回收	2
		修复再生	9
		其他工艺	1
回收设备	5	物质回收	3
		拆卸	1
		预处理	1
前期处理	11	分离方法	8
		预处理	3
物质回收	23	电解液回收和处理	4
		电芯回收	18
		隔膜处理	1
综合利用	15	合成新的化合物	12
		多种材料回收	3

中南大学的研究涉及锂电池回收的所有技术分类,在每个技术领域都有一定的专利申请,同时又在重要领域的重要技术分支上有一定的专利基础和优势,由此可以看出,中南大学既注重锂电池回收领域的全面技术研究,又在重点方向有自己的研发优势,有明确的专利布局的方向和思路。

5.1.4　锂电池回收专利技术特点分析

本小节内容按照专利数量从多到少,选取技术相对集中的几个主题展开分析。

对中南大学锂电池回收技术中的电芯回收和合成新的化合物的相关技术内容进行分析。中南大学从 2009 年开始在电芯回收技术领域进行专利申请,截至目前,共有 18 件相关专利技术。

1. 电芯回收方面专利布局

表 5-8 所示为中南大学在锂电池回收技术中电芯回收方面进行的专利申请。如专

利 CN201010508706.0，该发明提供一种回收废旧锂离子电池正极材料有价金属预处理的方法，包括：①在真空热解条件下对锂离子电池正极板进行处理；②分离；③在硫酸-双氧水体系中加热浸出落下的钴酸锂渣；④将分离的铝箔浸泡在浸出液中。该发明专利技术简单可行、成本低、环保，有价金属钴和锂的回收率在99%以上，适用于废旧锂离子电池的大规模回收和预处理。其他专利内容分析详见表5-8，在此不再赘述。

表5-8　中南大学在锂电池回收技术中电芯回收方面的相关专利

序号	专利号	专利名称	技术要点	技术效果
1	CN200910304138.X	一种高效回收废旧锂电池中正极活性材料的方法	搅拌—振动筛分—磁选—碱溶—过滤烘干—振动筛分—酸冲洗—碱浸—过滤烘干后煅烧，作为后续处理的活性粉料	该方法工艺简单，分离效率高，锂离子电池中铜和铝的回收率分别达到98.5%和97%，活性材料的回收率约为99%
2	CN201010508706.0	一种回收废旧锂离子电池正极材料有价金属预处理的方法	金属浸出法	该方法简单可行，成本低廉，环境友好，有价金属钴、锂的回收率均在99%以上，适合进行废旧锂离子电池的大规模回收预处理
3	CN201711466035.4	一种废旧锂离子电池材料中有价金属组分回收的方法	电化学法	该方法可充分利用废旧锂离子电池负极石墨作为还原剂，并回收负极材料中所含的锂资源，实现废料资源的最大化利用。且选择性提取镍、钴、锂等高价金属资源，分离过程简单。同时该方法不易产生大量的酸碱性废水，极具产业应用价值
4	CN201710483857.7	一种废旧锂电池的回收方法	金属浸出法	该方法简单易操作，不仅可以回收完整的铜箔和铝箔，而且可以获得较纯的正极粉料和负极粉料，而且无须进行破碎和高温焙烧，有利于降低生产能耗，且不会对环境造成二次污染
5	CN201711463982.8	一种废旧锂离子电池负极材料资源化的方法	化学沉淀法	该方法简单，便于大规模生产。对具有高附加值的碳酸锂材料和石墨烯制品进行再生，提高了废旧锂离子电池负极材料回收的经济性，实现了废旧锂离子电池负极材料的资源利用

序号	专利号	专利名称	技术要点	技术效果
6	CN201710103793.3	一种从废旧锂离子电池正极材料中回收有价金属的方法	金属浸出法	该方法避免了传统废旧锂离子电池正极材料金属浸出回收过程中需消耗大量无机酸和碱的缺陷，且工艺简单，成本低廉，环境友好，具有极大的工业化应用价值
7	CN201710104559.2	一种基于电化学法从锂离子电池正极废料中浸出和回收金属的方法	电化学法	大幅度减少了酸的用量，浸出时间短，可常温操作，大大提高了锰镍钴三元正极材料中金属的浸出效率，成本低廉，操作简单，具有广阔的工业化应用前景
8	CN201711009072.2	一种废旧锂电池中有价金属浸出体系及浸出方法	金属浸出法	该发明所述的浸出体系与传统的浸出体系相比，绿色环保，浸出过程安全可控，工业化应用前景较好
9	CN201810198121.X	一种废旧镍钴锰三元锂离子电池中有价金属的回收方法	电化学法	该方法创新性地采用旋流电解方式，高效回收浸出液中的有效成分
10	CN201810531845.1	一种从废旧锂离子电池正极材料中回收有价金属的方法	化学沉淀法	该发明专利技术制备工艺简单，工艺条件温和，工艺时间短，无须消耗大量酸碱，成本低，并能有效实现对正极材料中有价金属和碳的回收，绿色环保，且不会产生大量固体废物和废水
11	CN201810671868.2	一种废旧磷酸铁锂电池正极活性材料回收利用方法	熟化去氟	该发明通过对废旧正极活性材料进行所述的熟化除氟过程，可以明显改善回收得到的正极活性材料的电学性能，例如，明显提升放电容量，对其循环性能也有所改善
12	CN201910943861.6	一种锂离子电池负极材料回收利用方法	加热—超声振动—过滤—筛分	该发明提供了一种操作简单、成本低、回收率高、可用于工业生产的锂电池正极材料回收方法。通过对废旧锂电池正极进行两步热处理、超声振动、过滤筛选，实现阳极铜和高纯石墨的回收
13	CN202010092796.3	一种从废旧锂离子三元正极材料中浸出有价金属和制备三元正极材料前驱体的方法	金属浸出法	该方法避免了不同金属的分离，也有效地回收了有价金属，缩短了工艺流程，操作简单，利于工业生产，且制备的三元正极材料前驱体的电化学性能优异

序号	专利号	专利名称	技术要点	技术效果
14	CN202010689336.9	一种回收废旧锂离子电池中有价金属的方法	还原法	该发明所述的方法实现了废旧锂离子电池中有价金属的短流程回收，精简了有价金属回收流程，提高了锂回收率，实现了过渡金属的高效再利用
15	CN202010166420.2	一种基于熔盐体系的废旧锂电池正极中有价组分回收方法	熔盐体系	该发明可以实现正极铝集流体以 $Al(OH)_3$ 直接回收，同时还可以使正极中有价元素 Li、Ni、Co 与 Mn 全量回收
16	CN202010166434.4	一种废旧锂离子电池负极材料的回收方法	熔盐体系	该发明专利技术实现了废旧锂离子电池负极材料的提纯和结构修复以及有价金属的回收。处理流程短，成本低，再生负极材料纯度和结晶度高，有价金属浸出率高，适合大规模生产
17	CN202010947399.X	一种退役电池炭渣的资源化处理方法	溶液浸出法	该方法工艺简单，可获得超高纯石墨，焙烧温度低，能耗低，处理效率高，环境污染少，资源利用率高，循环性能好，具有工业化应用前景
18	CN202011257850.1	一种从磷酸铁锂电池废极粉中分离微细粒铜的方法	重力分选	该分选工艺具有流程短、设备简单、分离效果好、锂损失量少、试剂成本低、环境污染少、经济效益好的优势

2. 合成新的化合物方面专利布局

中南大学从 2016 年开始进行合成新的化合物技术领域的专利申请，截至目前，共有 12 件相关专利技术。表 5-9 所列为中南大学在锂电池回收技术中合成新的化合物方面的相关专利。如专利 CN201710144074.6，该发明公开了一种从废旧镍钴锰三元锂离子电池回收、制备四元正极材料的方法，包含以下步骤：①将废旧三元锂离子电池手工拆解、磁分离、破碎、有机溶剂浸泡、筛选、硫酸浸出，得到 Cu^{2+}、Al^{3+}、Li^+、Ni^{2+}、Co^{2+}、Mn^{2+} 浸出液；浸出液经除杂（Cu^{2+}）处理，得到除杂溶液。②调整除杂液中 Al、Ni、Co、Mn 的摩尔比；然后加入碱金属氢氧化物，调整体系 pH≥10，进行一次沉淀，得到 NCM 氢氧化物混浊溶液。③在②中的混浊溶液中加入碳酸盐进行二次沉淀，固液分离得到第四系物质前驱体。④将四元材料前驱体在空气中煅烧，得到掺杂铝的 NCM 四元正极材料。该方法工艺简单，原料来源广，重复性高。所制备的正极材料循环性能优良，可大规模生产。其他专利内容分析详见表 5-9，在此不再赘述。

表 5-9　中南大学在锂电池回收技术中合成新的化合物方面的相关专利

序号	专利号	专利名称	技术要点	技术效果
1	CN201610120877.3	一种从废旧锂离子电池回收过程产生的含锂废液中提取锂的方法	沉锂—与碳酸锰混合均匀—焙烧处理	该方法提锂回收率高，清洁环保，产品种类丰富多样
2	CN201710135011.4	一种从废旧镍钴锰三元锂离子电池中回收、制备三元正极材料的方法	拆解、破碎、焙烧、浸出—除杂—加碱金属沉淀—加碳酸盐—固液分离—煅烧	该方法工艺简单，原料来源广，可重复度高，制备的三元正极材料性能优异，可大规模生产
3	CN201710144074.6	一种从废旧镍钴锰三元锂离子电池回收、制备镍钴锰铝四元正极材料的方法	拆解—浸出液—除杂—加碱金属沉淀—加碳酸—固液分离—煅烧	该方法工艺简单，原料来源广，可重复度高，制备的四元正极材料循性能优异，可大规模生产
4	CN201910264643.X	一种废旧磷酸铁锂电池回收碳的综合处理方法	利用了石墨分层间距较大、缺陷增多和具有杂质的特点，在不需额外加入插层试剂的条件下制备石墨层间化合物—低温煅烧	该发明可实现高附加值石墨材料、氯化物形式的金属杂质的回收，并可实现盐酸和蒸汽热的循环利用，具有能耗低、成本低、绿色环保的优点
5	CN202011298089.6	一种废旧锂离子电池正极材料高效回收与再生的方法	放电、拆解、剥离、煅烧和研磨—浸出，得到富含锂的浸出液和含有镍钴锰的沉淀—加入碱液，得到氢氧化镍钴锰沉淀—过滤—与过量锂源配比锂化—煅烧	该方法可实现三元正极材料循环利用，而且工艺简单，能有效降低加工成本，并且可实现有机酸的循环使用
6	CN202011442301.1	回收废旧锂离子电池正极材料联合电化学制氢气的方法	球磨，过筛，干燥—与导电剂、黏结剂混合，涂布，干燥—以所述极片为正极，惰性电极为负极，在电解质溶液中，进行充电—收集正极极片上的废旧正极材料一次颗粒—与锂盐混合，高温煅烧	该发明以一种简易、高效、环保、处理成本较低的方法实现了废旧正极材料回收、正极材料一次颗粒的合成、电化学制氢气以及高性能正极材料的再次制备四者的有机结合

序号	专利号	专利名称	技术要点	技术效果
7	CN202011475639.7	废旧锂离子电池正极活性材料的回收与再生的方法	放电、拆解、剥离、煅烧和研磨—浸出,得到富含锂的浸出液和含有镍钴锰的沉淀—加入碱液,得到氢氧化镍钴锰沉淀—过滤—与过量锂源配比锂化—煅烧	该方法可实现三元正极材料循环利用,而且工艺简单,能有效降低加工成本,并且可实现有机酸的循环使用
8	CN202011477211.6	废旧锂离子电池有价金属回收与正极材料再生的工艺	放电、拆解、剥离、煅烧和研磨—浸出,得到富含锂的浸出液和含有镍钴锰的沉淀—加入碱液,得到氢氧化镍钴锰沉淀—过滤—与过量锂源配比锂化—煅烧	该方法可实现三元正极材料循环利用,而且工艺简单,能有效降低加工成本,并且可实现有机酸的循环使用
9	CN202010166439.7	一种废旧锂离子电池负极回收并联产导电剂的方法	去除有机黏结剂—碳质材料分离—杂质元素去除与改性—还原	该方法可将碳质组分转变成高附加值产品,具有流程短、成本低、适合规模化生产等优点
10	CN202110331503.7	一种从混合废旧锂电再生富锂锰基正极的方法	废旧极片原料直接粉碎—碱性还原氨浸出—将浸出渣与废旧粉末混合—酸浸—浸出液混合并添加适当的金属盐—水热煅烧	该发明基于混合多种废旧锂电池回收富锂锰基正极材料,具有适用性高,耗能相对低,且再生产品附加值高,流程可控性强的优点
11	CN202110416662.7	一种废旧钴酸锂电池正极材料回收再生钠离子电池负极材料的方法	机械球磨处理—高温煅烧—水浸提锂	工艺简单高效,有利于实现大规模制备
12	CN202210205997.9	一种锂电池正极粉料回收方法、催化剂及其应用	以甲酸浸提锂电池正极粉料后,将所得固体用低共熔溶剂浸出—与甲醛发生聚合反应—热解	通过调控制备过程,能够充分利用锂离子电池的正极粉料,过程中无须将过渡金属分离,简化了操作步骤并降低了成本

5.2　中国科学院过程工程研究所

5.2.1　基本情况

中国科学院过程工程研究所（原化学工程与冶金研究所）成立于 1958 年 10 月 1 日，2001 年正式更名为中国科学院过程工程研究所（以下简称"中国科学院过程所"），实现了从"化工冶金创所"到"过程工程强所"的历史性跨越。经过多年的发展，中国科学院过程所规模从小到大，构建了中关村新园区、廊坊工程试验基地、怀柔中心、成果转化基地等一所多翼的新格局，形成了"原始创新—中试示范—产业化"的新模式。成立了中国科学院大学化学工程学院，开创了"新化学工程"前沿交叉学科，形成了科教产发展模式和协同创新体系。中国科学院过程所现有 4 个国家级研发平台：生化工程国家重点实验室、多相复杂系统国家重点实验室、战略金属资源绿色循环利用国家工程研究中心、国家生化工程技术研究中心（北京），2 个中国科学院重点实验室，1 个国家能源局重点实验室，2 个省部级重点实验室。中国科学院过程所以促进重大产出、承担重大任务、培育人才队伍为核心，集中优势力量组建 12 个研究部，大幅提升科研创新能力。

中国科学院绿色过程与工程重点实验室（以下简称"绿色实验室"）源于陈家镛院士创立的"湿法冶金实验室"，2008 年 3 月获批为中国科学院重点实验室，在 2012 年和 2017 年中国科学院工程领域重点实验室评估中，均获评为"A 类"优秀实验室。绿色实验室已形成绿色过程与工程的鲜明特色，研究布局既注重代表学科发展长远方向的基础研究，又注重与国民经济建设密切相关的关键技术难题研究，特别注重对"非常规介质""计算机模拟技术""生物技术"，以及具有绿色化学自身鲜明特点的"温和条件化学""原子经济性反应分离"的研究和应用，已形成以高效—清洁—循环利用为核心的绿色过程工程研究的完整体系。

在固体废物绿色智能循环利用方面，在多金属分离、废旧塑料再生、过程污染控制、废旧动力电池回收、危害固废微晶固化等方面建立基础数据库，实现了关键技术与装备突破，在国内 20 余家骨干企业获得工程应用，无害化处置率 100%，资源产出率提高 20%，综合经济效益超过 10 亿元。相关成果已获得国家技术发明二等奖 1 项，中国有色金属工业科学技术奖等 10 余项，引领固体废物资源高效利用与污染协同控制新方向。

5.2.2　锂电池回收专利态势分析

1. 专利申请态势

图 5-5 所示为中国科学院过程所回收领域专利申请量发展趋势，截至公开日 2022 年 9 月 13 日，中国科学院过程所锂电池回收领域共公开专利 49 件，从 2016 年开始该领域专利申请量明显增多，2018 年达到了高峰 14 件，近年来数量有所下降，维持在 10 件以内。需要说明的是，由于发明专利自申请日起一般需要 18 个月才能予以公开等因素，2021—2022 年的数据不完整，不能反映当年的申请状况。

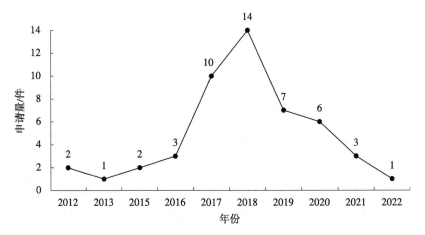

图 5-5　中国科学院过程所锂电池回收领域专利申请趋势

注：2014 年无专利申请。

2. 专利类型与法律状态

图 5-6 所示为中国科学院过程所锂电池回收领域专利类型与法律状态。该领域 49 件专利申请中，发明专利 42 件，实用新型专利 7 件。其中有效专利 27 件，审中专利 11 件，无效专利 11 件（驳回 9 件，未缴年费 2 件）。

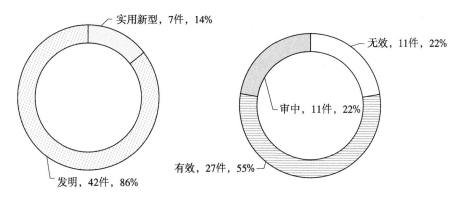

图 5-6 中国科学院过程所锂电池回收领域专利类型与法律状态

注：由于四舍五入计算，专利法律状态数据百分数之和不为 100%。

3. 专利申请发明人

图 5-7 所示为中国科学院过程所锂电池回收领域专利申请发明人情况，申请量 10 件以上的有曹宏斌、孙峙和康飞。曹宏斌，中国科学院过程工程研究所研究员、博士生导师。主要从事工业有毒有害污染物全过程控制的研究，结合化工、冶金、环境等学科的原理和方法，创新构建了基于污染源分析和污染控制策略的工业污染全过程综合控制技术体系—清洁生产过程减排—末端无害化解毒—多过程优化集成，解决了煤化工、有色金属、钢铁等行业复杂组分深度分离、有毒物质回收与安全解毒、工程放大等技术难题，在废旧动力电池回收等行业完成示范工程 100 余套，取得了显著的经济、环境和社会效益。

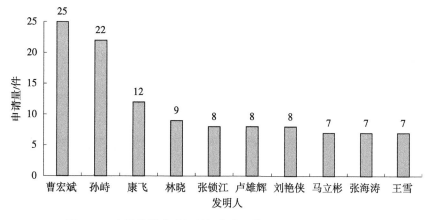

图 5-7 中国科学院过程所锂电池回收领域专利申请发明人

孙峙，研究员，博士生导师。2004年本科毕业于北京科技大学冶金工程专业，2007年硕士毕业于中国科学院过程工程研究所湿法冶金专业，2011年博士毕业于比利时鲁汶大学冶金与材料工程专业。主要从事电子废弃物的高效金属回收与短程高值资源化等研发工作。

4. 合作申请与专利转让

表5-10为中国科学院过程所锂电池回收领域合作申请的专利，49件专利申请中共有11件为合作申请，占比22%。由此可以看出，中国科学院过程所比较注重产学研合作和联合科研创新，这也与锂电池回收领域特点相关，锂电池回收已经处于产业链中产业应用的位置，涉及能源、资源回收的企业和创新科研院所等产学研结合的部门会更加注重和关注锂电池回收技术和设备，有较为强烈的技术需求。

表5-10 中国科学院过程所锂电池回收领域合作申请的专利

序号	专利号	专利名称	合作单位
1	CN201910353311.9	一种废锂离子电池电解液的无害化去除方法	浙江华友钴业股份有限公司
2	CN201810685872.4	利用废旧锂电池正极极片制备三元正极材料前驱体的方法	郑州中科新兴产业技术研究院
3	CN201811480359.8	一种退役锂离子动力电池镍钴锰酸锂三元正极材料回收再利用方法	
4	CN201910220922.6	一种从废旧锂离子电池中合成富锂材料的方法	
5	CN201910616758.0	一种废旧锂离子电池回收三元正极材料前驱体的方法	
6	CN201911105463.3	一种退役动力三元锂电池回收示范工艺方法	
7	CN202022399722.2	一种废旧锂离子电池电解液回收装置	
8	CN202011259874.0	从废旧磷酸铁锂电池中回收磷、铁和锂的方法	
9	CN202011262379.5	三元正极材料短流程回收再生方法、回收材料及应用	
10	CN202110676565.1	一种退役锂离子电池电解液的无害化处理方法	
11	CN202110812676.0	一种利用超声空化法的电解液回收装置及方法	

中国科学院过程所锂电池回收领域转让专利共1件。2021年5月，该所将专利转让给中国科学院江西稀土研究院。该专利为CN201810840959.4磷酸铁锂电池电极材料的综合利用方法，包括以下步骤：将磷酸铁锂电池电极材料用盐酸浸出，固液分离得到含锂浸出液和第一滤渣；含锂浸出液除杂后，经沉淀、洗涤得到碳酸锂；第一滤渣用盐酸浸出。固液分离后得到含铁离子和磷酸根离子的浸出液和第二滤渣；在含铁离

子和磷酸根离子的溶液中加入添加剂，萃取铁离子；剥离加载的有机相水回收铁；蒸发余液，回收挥发相得到盐酸，浓缩溶液为磷酸；洗涤第二滤渣以获得含碳物质。

5.2.3　锂电池回收专利布局及运营特点

图 5-8 所示为中国科学院过程所在锂电池回收领域相关专利技术主题申请趋势。从申请趋势来看，中国科学院过程所在综合利用和物质回收领域的专利申请开始得较早，均开始于 2012 年。在随后的 2015 年和 2018—2020 年，综合利用领域均有一定的专利申请，2020 年后该技术领域暂无新的专利出现。物质回收领域应为中国科学院过程所较为关注的研究领域，不但研究起步早，专利数量也是最多的，尤其是 2017 年后，专利数量有了极大的增加，一直持续至近几年。回收设备相关的技术是中国科学院过程所另一个关注焦点，其专利申请开始于 2017 年，2018—2019 年该技术得到了巨大的发展，此趋势一直持续到近几年。前期处理和工艺过程方面不是中国科学院过程所的研究重点，工艺过程的专利申请开始得较早，中间也无连续性，近年来已不再是受关注领域；前期处理方面，2017 年开始有专利申请，2022 年也有新的专利申请，但整体数量较少，未见连续性。

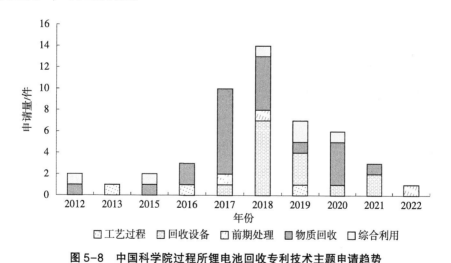

图 5-8　中国科学院过程所锂电池回收专利技术主题申请趋势

注：2014 年无专利申请。

中国科学院过程所在锂电池回收技术领域专利申请覆盖锂电池回收的各技术分支（见表 5-11）。其研究重点主要集中在两大方向——回收设备和物质回收。其中，回收设备没有较为关注的主要方向，在各技术分支分布得较为均匀。在物质回收方向，明显可以看出关注的重点集中在电芯回收上，这体现了中国科学院过程所的研究特点，同时该领域的研究也是锂电池回收较为核心和价值最大的地方。

表 5-11　中国科学院过程所锂电池回收专利技术分支

技术类别	专利数量/件	技术分支	专利数量/件
工艺过程	3	湿法冶金	2
		修复再生	1
回收设备	14	物质回收	4
		拆卸	5
		系统	2
		预处理	3
前期处理	3	分离方法	3
物质回收	23	电解液回收和处理	3
		电芯回收	20
综合利用	6	合成新的化合物	6

5.2.4　锂电池回收专利技术特点分析

本小节将中国科学院过程所锂电池回收技术中的电芯回收作为重点内容进行分析。电芯回收的专利共 20 件，最早开始于 2012 年，多集中于正极材料或负极材料的回收，有的技术是回收整体的材料，有的是直接提取锂、铁、钴、铝等金属，金属浸出法使用得比较多，通常利用传统的酸溶剂或新研发的有别于该体系的溶剂，把金属离子首先浸取出来，然后通过一定的方法进行除杂，最后对浸取出的金属离子进行处理使之沉淀或合成新的金属化合物。

表 5-12 所列为中国科学院过程所在锂电池回收技术中电芯回收方面进行的专利申请。如专利 CN201510242788.1，该发明提供了一种从锂电池正极废料中浸出和回收金属的方法。该浸出方法是将锂电池正极废液与含有还原剂的有机酸溶液反应，反应后固液分离得到浸出液和滤渣，实现锂电池正极废水中金属的浸出。该发明提供了一种基于金属闭环循环的锂电池正极废料回收方法。金属浸出法在锂电池正极废金属浸出率高，浸出时间短，处理成本低，应用范围广，避免了二次污染，避免了现有工艺在浸出液中对各种金属的分离和提纯的复杂工艺；基于金属闭环循环的锂电池正极废料回收方法，工艺流程短，实现了金属的闭环回收。其他专利内容分析详见表 5-12，在

此不再赘述。

表 5-12　中国科学院过程所在锂电池回收技术中电芯回收方面的相关专利

序号	专利号	专利名称	技术要点	技术效果
1	CN201210251559.2	一种过热水蒸气清洁分离废旧锂离子电池正极材料的方法	电化学法	所述分离方法步骤简单，不消耗有毒化学试剂，锂离子流失少，回收的正极活性组分纯度较高，经组分调整后可再制造锂离子电池正极材料，提高废弃资源循环利用效率
2	CN201510242788.1	一种锂离子电池正极废料中金属的浸出及回收方法	金属浸出法	该方法金属浸出率高，浸出时间短，处理成本低，应用范围广，避免了各种金属分离提纯复杂工艺浸出液中的二次污染和现有技术的不足；基于金属闭环循环的锂离子电池正极废料回收方法工艺流程短，实现了金属的闭环回收
3	CN201610866811.9	一种废旧锂离子电池负极材料的回收方法	溶剂浸出法	该发明制备方法简单，回收工艺无污染，回收成本低，易于工业化生产，制备得到的铜箔纯度在99.9%以上，得到的石墨纯度在99.9%以上
4	CN201610179257.7	一种正极材料中金属组分的选择性浸出剂及回收方法	金属浸出法	该发明提供的浸出剂来源范围广，原料价格便宜，浸出选择性和浸出率高（达90%以上），制备的碳酸锂纯度达99%，用于回收正极材料中的 Li、Co 和 Ni，避免了现有酸浸工艺杂离子的引入，简化了分离提纯的过程，实现了浸出剂的循环使用，降低了处理成本，适合工业化大规模生产
5	CN201710537314.9	一种从废旧锂离子电池正极材料中选择性分离锂的方法	氧化法	该发明提供了一种短流程、选择性分离锂的方法，所述从废旧锂离子电池正极材料中分离锂的效率高，分离时间短，成本低，回收工艺无污染，易于工业化生产
6	CN201710251699.2	一种废旧锂离子电池正极材料的混酸浸出及回收方法	金属浸出法	该方法采用混合酸浸出剂，浸出效率高，可逐步获得高纯金属铝、氢氧化铝、氢氧化钴、高纯碳酸锂（纯度达99.9%），实现了废旧锂离子电池中高值金属的高效回收、整体回收、协同回收，具有良好的应用前景

续表

序号	专利号	专利名称	技术要点	技术效果
7	CN201710251704.X	一种废旧磷酸铁锂电池中金属回收的方法	金属浸出法	该方法不使用酸浸剂。通过选择性强化锂元素的浸出，浸出效率高，浸出液消耗小，可获得含锂的高纯溶液。最终锂产品纯度高，工艺时间短，化学制剂来源广，工艺条件简单
8	CN201710251705.4	一种废旧磷酸铁锂电池中回收锂的方法	金属浸出法	该方法选择性地浸出锂，避免了铁杂质从源头进入浸出液的问题。最终锂产品纯度高，工艺时间短，化学试剂来源广泛，工艺条件简单，可一步到位。大大提高了废磷酸铁锂电池的回收效率，具有良好的工业应用前景
9	CN201710251706.9	一种废三元锂电池强化还原浸出的方法	还原法	该发明极大地缩短了电池正极材料的还原浸出时间，提高了钴、锰的还原效率，降低了还原剂使用量，避免了还原剂储存和失效的问题，为三元锂电池还原浸出提供了新的回收工艺，具有良好的工业应用前景
10	CN201710251707.3	一种废旧磷酸铁锂电池中锂的选择性回收方法	金属浸出法	该方法简化了废电池回收工艺，所得浸出液杂质含量低，因此不需要额外的浸出液净化工艺，同时减少了碳酸钠溶液消耗量，可以避免或极大降低高盐废水的产生。对比现有技术，该工艺简单，成本低，从源头上避免了高盐废水的问题，能够获得高纯碳酸锂产物，具有极好的市场应用前景
11	CN201710251713.9	从锂离子电池正极废料中回收正极材料和碳酸锂的方法	金属浸出法	该方法流程简单，无须复杂的除杂步骤和萃取富集工艺，同时浸取剂来源广泛，浸出选择性强，浸出率高，在浸出反应后经浓缩精馏仍能回收利用，降低成本，得到高质量的 Co、Ni、Mn 前驱体和高纯度碳酸锂，具有良好的应用前景
12	CN201711406613.5	一种从锂离子电池负极中回收石墨制备电芬顿阴极的方法	溶剂浸出法	该发明制备的电芬顿阴极在处理污染物时具有较高的过氧化氢产率，能高效地降解污染物。该发明提供的方法既能缓解环境污染，又能实现经济效益最大化。该发明可使石墨的回收纯度高达99%

续表

序号	专利号	专利名称	技术要点	技术效果
13	CN201810236529.1	一种浸出废磷酸铁锂正极材料中锂的方法	金属浸出法	该发明提供的方法采用微波辅助浸出废磷酸铁锂正极材料中的锂,具有较高的能量利用率和加热效率;该方法使锂的浸出率达到95%以上,锂的选择性和回收率分别达到98%和95%以上,铁以 $FePO_4$ 的形式析出;该方法工艺流程短,操作简单,易于工业化生产
14	CN201810265725.1	一种选择性回收废旧锂离子电池正极材料中锂的方法	氧化法	该发明提供的方法流程简单,过程清洁,锂的回收率可达95%以上
15	CN201810613277.X	一种选择性回收锂离子电池正极材料的方法	金属浸出法	该发明专利技术采用原位晶体转化和温和浸出的方法,特别是选择性提取锂,实现了锂离子电池正极材料中有价金属的回收利用,回收率达95%以上,镍、钴、锰等有价金属的回收率达98%以上;该发明专利技术所述方法工艺流程短,不引入其他杂质离子,产品纯度高,还可避免二次污染和废液处理,节约回收成本,易于实现工业应用
16	CN201810840959.4	磷酸铁锂电池电极材料的综合利用方法	金属浸出法+萃取法	该发明的磷酸铁锂电池电极材料的综合利用方法实现了磷酸铁锂电极材料中锂、铁、磷和碳的综合回收;不经过高温处理,能耗低,工艺简单;酸介质循环利用,生产过程中减少了废物排放,避免了环境污染
17	CN201811480359.8	一种退役锂离子动力电池镍钴锰酸锂三元正极材料回收再利用方法	溶剂浸出法+沉淀除杂	该发明设计的回收方法流程简单,过程中新引入的化合物少,且副产物纯度高,过程绿色无污染,适合产业化推广
18	CN202011259874.0	从废旧磷酸铁锂电池中回收磷、铁和锂的方法	溶剂浸出法+沉淀除杂	该发明的方法工艺流程短、反应体系简单;能够充分利用废旧磷酸铁锂中的磷、铁和锂元素,制备成高附加值的电池级磷酸铁和碳酸锂产品,且无含铁废渣和含磷废水的产生,资源回收率高,产品价值高,易于实现工业化生产

续表

序号	专利号	专利名称	技术要点	技术效果
19	CN202011354695.5	一种废旧锂离子电池全组分回收方法	金属浸出法	该发明的方法实现了废旧锂离子电池的全组分回收，具有全量化高效利用、环境友好、流程简洁等优点，同时，由于热处理过程发生了自还原反应，正极粉酸浸过程无须添加还原剂，具有显著的经济效益
20	CN202011611629.1	一种处理废旧锂电池的方法	热解+分选	该方法能够对废旧锂电池中的有机成分进行合理利用，可降低能耗，且能够将有机成分与无机成分进行充分分离，处理过程中无二次污染风险，为一种绿色环保的处理方法

5.3 广东邦普循环科技有限公司

5.3.1 基本情况

广东邦普循环科技有限公司（以下简称"广东邦普"）创立于 2005 年，是国内领先的废旧电池循环利用企业，聚焦回收业务、资源业务与材料业务，为电池全生命周期管理提供一站式闭环解决方案和服务。

作为宁德时代新能源科技股份有限公司的控股子公司，广东邦普打造了上下游优势互补的电池全产业链循环体系，通过独创的定向循环技术，在全球废旧电池回收领域率先破解了"废料还原"的行业性难题，电池产品核心金属材料总回收率达到99.3%以上。

广东邦普总部位于广东省佛山市，目前在全球已设立广东佛山、湖南长沙、宁德屏南、宁德福鼎、湖北宜昌、印尼莫罗瓦利、印尼纬达贝七大生产基地；拥有国家企业技术中心、新能源汽车动力电池循环利用国家地方联合工程研究中心、电化学储能技术国家工程研究中心邦普分中心、中国合格评定国家认可委员会（CNAS）认证的测试验证中心、广东省电池循环利用企业重点实验室等科研平台。

截至 2022 年年底，广东邦普已参与制修订废旧电池回收、电池材料等相关标准

293 项，其中发布 180 项；申请专利 1950 件；荣获 2022 年广东省民营企业百强、2021 年国家技术创新示范企业、2021 年工信部制造业单项冠军示范企业、2021 年广东省专精特新企业、2019 年度广东省科技进步奖一等奖等荣誉。

5.3.2　锂电池回收专利态势分析

1. 专利申请态势

图 5-9 所示为广东邦普锂电池回收领域专利申请量的发展趋势，截至公开日 2022 年 9 月 13 日，广东邦普锂电池回收领域共申请专利 29 件，从 2008 年开始申请，但是直到 2020 年，专利申请量始终不多，年申请量在 5 件以内，2021 年专利申请量迅速增多，达到 9 件。由于发明专利自申请日起一般需要 18 个月才能予以公开等因素，2021—2022 年申请数据不完整，不能反映当年的申请状况。

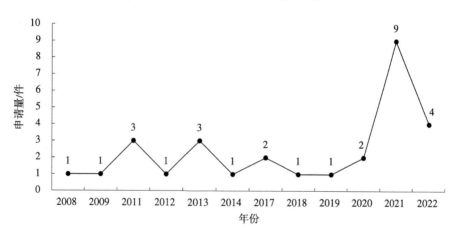

图 5-9　广东邦普锂电池回收领域专利申请趋势

注：2010 年、2015—2016 年无专利数据。

2. 专利类型与法律状态

图 5-10 所示为广东邦普锂电池回收领域专利类型与法律状态。该领域 29 件专利申请中，发明专利 28 件，实用新型专利 1 件。其中有效专利 12 件，审中专利 14 件，无效（驳回）专利 3 件。

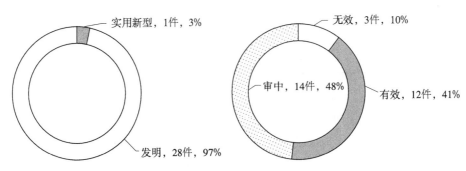

实用新型，1件，3%

发明，28件，97%

无效，3件，10%

审中，14件，48%

有效，12件，41%

图 5-10 广东邦普锂电池回收领域专利类型与法律状态

注：由于四舍五入计算，专利法律状态数据百分数之和不为100%。

3．专利申请发明人

图5-11所示为广东邦普锂电池回收领域专利申请发明人情况，申请量10件以上的有李长东和唐红辉。李长东为广东邦普法定代表人，企业高管。余海军是广东邦普定向循环与产品逆向开发技术的提出者，助力实现废旧电池"从哪里来再回哪里去"。唐红辉为宁波邦普时代新能源有限公司董事。谢英豪，广东邦普循环科技有限公司经理、环境保护工程师，曾获中国循环经济协会科学技术奖一等奖、广东省科技进步奖一等奖和粤港澳大湾区高价值专利布局大赛优秀奖。谢英豪参与突破高能量密度动力电池镍钴锰三元材料合成技术壁垒，研究形成的"退役锂电池全过程清洁循环利用关键技术与应用"科技成果被中国有色金属工业协会评价为"国际领先水平"。

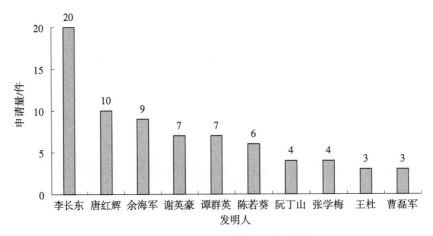

图 5-11 广东邦普锂电池回收领域专利申请发明人

4. 合作申请与专利转让

广东邦普锂电池回收领域的 29 件专利申请中有 2 件为合作申请。其一为广东邦普与屏南时代新材料技术有限公司合作申请的专利 CN202111570990.9，一种从锂电池浆料中回收正极材料的方法及其装置。该发明公开了一种从锂电池浆料中回收正极材料的方法及其装置。所述方法包括以下步骤：将废料撕碎，加入溶剂，经气泡破碎后，得到第一浆料；通过出料孔进行筛分；将尺寸小于出料孔直径的第一浆料进行逐级溢流破碎，得到第二浆料；经絮凝、压滤后得滤饼和滤液；滤饼经干燥、破碎、热解后，得到正极材料。所述方法，可实现连续地、大批量处理废锂电池浆料，简化了浆料回收工艺。并将正极材料和溶剂有效分离回收利用，降低回收成本，整个过程环保节能，便于后期对正极粉末进行处理，回收得到的正极粉末中 Ni、Co、Mn、Li 金属总含量在 50% 以上，具有很大的回收价值。

另一件为广东邦普与清华大学核能与新能源技术研究院及 3 名自然人合作申请的专利 CN200810028730.7，一种从废旧锂离子电池中回收、制备钴酸锂的方法。该发明公开了一种从废旧锂离子电池中回收制备钴锂的方法。其主要特点是将废旧锂离子电池拆开拆下外壳，挑出纯钴锂制成的正极板；将正极板粉碎筛分后，得到以废钴酸锂为主要成分的小尺寸材料；然后在恒温电阻炉中，高温去除小尺寸材料中的黏结剂和导电剂乙炔黑，再用氢氧化钠去除铝，过滤、洗涤、干燥，得到低杂质含量的失活钴酸锂；在检测失活钴酸锂中锂和钴的含量后，加入适当比例的碳酸锂，在马弗炉高温烧结合成活性钴酸锂电池材料。废锂离子电池中钴和锂的回收率分别大于 95.0% 和 97.0%。

广东邦普锂电池回收领域内部转让专利共 4 件，且其转让均为不同分公司之间的专利权转让，没有发生其他的对外专利运营事件。

5.3.3　锂电池回收专利布局及运营特点

广东邦普在锂电池回收领域的专利申请趋势也与自身企业发展历程相关，其创立于 2005 年，早期锂电池回收的市场需求并不大，企业较为注重技术的研发与人才的培养，所以有相关的专利申请，但维持在较低的研发水平。近年来，随着锂电池应用范围的扩展，锂电池使用寿命陆续到期，随之面临的就是锂电池的回收利用，因为前期 10 余年的技术与人才积累，所以广东邦普能够快速地融入市场，在锂电池回收领域占

锂电池回收产业专利导航

据了重要位置。广东邦普在锂电池回收领域的市场主要在中国，其在海外的专利布局几乎空白。

图 5-12 所示为广东邦普在锂电池回收领域相关专利技术主题申请趋势。可以看出，广东邦普在工艺过程方面的研发较早，2008 年开始就有相关专利申请，并且近几年仍保持有该技术专利申请，虽然专利数量始终不高，但是可以看出研究的持续性，这也和企业特点相关。企业关注锂电池回收技术，往往是研发配合生产进行，而工艺过程的研究和改进是对企业生产产生直接影响的因素，因而，该方向也是企业一直想有所突破和进步的方向。物质回收技术是广东邦普的研究重点，从 2009 年开始有专利申请，虽然中间有一些中断，但是近年来，无论是数量上还是持续性上都有一定的进步。前期处理技术的专利申请始于 2013 年，中间略有停滞，近年来又陆续有些专利申请，这也是在锂电池回收过程中，伴随着物质回收技术而产生的技术手段。回收设备和综合利用并不是广东邦普的重点，回收设备仅在 2013 年有 1 件专利申请，综合利用在 2014 年和 2021 年分别有 1 件专利申请，综合利用是当今锂电池回收的整体趋势，预计未来广东邦普会将研究重点转向该技术领域。

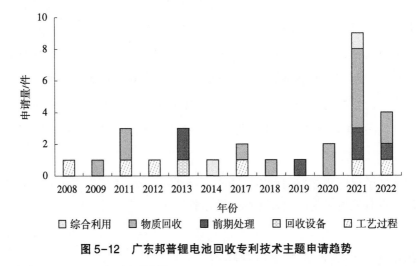

图 5-12 广东邦普锂电池回收专利技术主题申请趋势

注：2010 年、2015—2016 年无专利申请。

广东邦普在锂电池回收技术领域专利申请覆盖锂电池回收的各技术分支。从表 5-13 可以明显看出，物质回收是重点研究方向，其中电芯回收专利最多，是重中之重。

108

表 5-13　广东邦普锂电池回收专利技术分支

技术类别	专利数量/件	技术分支	专利数量/件
工艺过程	6	净化	1
		修复再生	5
回收设备	1	物质回收	1
前期处理	6	预处理	2
		分离方法	4
物质回收	14	电解液回收和处理	1
		电芯回收	12
		隔膜处理	1
综合利用	2	合成新的化合物	2

5.3.4　锂电池回收专利技术特点分析

本小节将广东邦普锂电池回收技术中的电芯回收作为重点内容进行分析研究。

广东邦普从 2009 年开始在电芯回收技术领域进行专利申请，共有 12 件相关专利技术。表 5-14 所列为广东邦普在锂电池回收技术中电芯回收方面的相关专利。广东邦普在电芯回收元素提取方向的方法并不单一，其更注重的是正极材料与锂电池其他材料的分离与除杂，伴随在分离过程中的集流体、黏结剂或石墨材料的回收与分离，或铝和铜材料的分离等。待分离出无杂质的正极材料后，接下来各元素的回收过程及其采取的技术，在专利中却很少提及。

表 5-14　广东邦普在锂电池回收技术中电芯回收方面的相关专利

序号	专利号	专利名称	技术要点	技术效果
1	CN200910226670.4	一种废旧锂离子电池阳极材料石墨的回收及修复方法	水洗—过筛—除杂—干燥—高温—振动—筛分	该发明具有石墨回收率高、原料纯度高、工艺简单、能耗少等优点，既有经济效益，又有节约有限的石墨资源、减少环境污染等社会效益
2	CN201110298498.0	一种电动汽车用动力型锰酸锂电池中锰和锂的回收方法	化学沉淀法	该发明利用电化学沉积法回收 MnO_2，绿色环保，同时回收了高纯度碳酸锂固体

序号	专利号	专利名称	技术要点	技术效果
3	CN202110886872.2	一种废旧磷酸铁锂电池的综合利用方法	化学沉淀法	该发明工艺简单，制备条件可控性强，能耗成本低，所得产品价值高，具有较大的经济效益，是一种理想的废旧磷酸铁锂材料的综合利用方法
4	CN201110357947.4	一种废旧锂离子电池正极片中铝箔的化学分离方法	超声震荡—溶剂浸出法	该发明可直接回收铝箔片，相对于传统的碱溶铝箔，再提取铝的方法简化了工序，降低了成本
5	CN201710500482.0	一种从废旧锂电池中回收锂的方法	硫化煅烧	锂的总回收率高达97.43%以上，同时锂和镍钴锰的分离效果良好。该发明适用于废旧电池的综合回收，适合大规模生产，环境污染小，具有可观的经济效益
6	CN201810986603.1	一种从废旧锂离子电池中回收有价金属的方法	两段酸性浸出	该发明方法可提高金属回收率，缩短浸出时间，降低金属残量，在提高经济效益的同时降低环境污染风险，操作方便，适用于工业生产
7	CN202011013348.6	一种废旧锂电池正极材料的回收方法	还原法	该发明提供的废旧锂电池正极材料的回收方法，将除铜后液中的亚铁离子作为还原剂，浸出锰酸锂、钴酸锂，以及三元电池正极片粉中的镍钴锰金属元素，高效地回收了其中的锂
8	CN202110741421.X	一种废旧锂电池安全热解除杂的方法和应用	热解除杂	该发明的方法对废旧锂电池电极碎片进行一次焙烧降低黏结剂的黏合性能，同时快速降低废弃锂电池电极碎片表面温度，由于集流体（铝箔、铜箔）碎片的切口更薄，该切口部分温度下降更快，先产生收缩力，集流体碎片切口快速卷曲，因而集流体碎片与废弃锂电池电极材料开口更大，筛分后，废旧锂电池电极材料则更容易脱落
9	CN202111391235.4	一种锂电池正极片的回收方法	化学沉淀法	该发明涉及锂电池正极片的回收方法，通过各步骤以及所用原料间的配合，能够彻底去除正极片材料中的铝杂质，以及浸出液中的氟杂质，同时保证正极片材料中有价金属的损失率≤0.1%

序号	专利号	专利名称	技术要点	技术效果
10	CN202111588932.9	退役锂离子电池电极材料回收方法及其应用	化学沉淀法	该发明对石墨负极的 SEI 膜中的锂资源进行回收,通过对负极片中的 SEI 膜进行冲洗或浸泡,使锂离子进入溶液中,实现了锂资源的回收,将负极片进行分步煅烧,使黏结剂 PVDF 先融化包覆于石墨表面,再在高温下使 PVDF 热解碳化,形成原位碳包覆的回收石墨材料,经过修饰的石墨仍然可以作为电极材料实现重复利用
11	CN202111570990.9	一种从锂电池浆料中回收正极材料的方法及其装置	逐级溢流破碎—絮凝、压滤—滤饼干燥、破碎、热解	所述方法可实现连续地、大批量处理废锂电池浆料,简化了浆料回收工艺,并将正极材料和溶剂有效分离回收利用,降低了回收成本,整个过程环保节能,便于后期对正极粉末进行处理,回收得到的正极粉末中 Ni、Co、Mn、Li 金属总含量在 50% 以上,具有很大的回收价值
12	CN202210145331.9	一种废旧电池回收活性材料脱附的方法	脱附	该方法针对废旧锂离子电池仅需放电和拆解,无须破碎工序的特点,避免了破碎、分选的步骤,减少了设备投资;可以有效回收正、负极材料,产物经济价值高

5.4　格林美

5.4.1　基本情况

格林美是"资源有限、循环无限"产业理念的提出者与中国城市矿山开采的先行者。20 年来,格林美通过开采城市矿山与发展新能源材料,建立资源循环模式和清洁能源材料模式来践行推进碳达峰、碳中和目标。格林美从解决废旧电池回收技术入手,进而解决了废旧电池、电子垃圾和报废汽车等中国典型废旧资源绿色处理和回收中的关键技术难题,以及动力电池材料的三方"核"技术。构建了世界先进的新能源全生命周期价值链、钴钨稀有金属资源回收价值链、电子废弃物和废塑料回收价值链、新能源回收模式。格林美在湖北、湖南、广东、江西、河南、天津、江苏、浙江、山西、内蒙古、福建等地建成 16 个废物循环与新能源材料园区。每年的电子废物回收和处理量占我国总废料量的 10% 以上，废旧电池（铅酸电池除外）的回收和处理占我国总废电池量的 10% 以上，钴资源的回收和再利用超过了我国最初的钴开采量，循环再生的镍资源占我国原镍开采量的 6% 以上，循环再生的钨资源占我国原钨开采量的 5% 以上。格林美年处理废弃物总量 500 万 t 以上，循环再造钴、镍、铜、钨、金、银、钯、铑、锗、稀土等 30 余种稀缺资源以及超细粉体材料、新能源汽车用动力电池原料和电池材料等多种高技术产品，成为世界硬质合金行业、新能源行业供应链的头部企业。

资质叠加技术，双轮驱动发展。格林美持续深耕行业，获得全国有色金属标准化技术委员会技术标准优秀奖一等奖、全国循环经济工作先进单位、全国再生资源优秀园区等荣誉。荆门市格林美新材料有限公司、格林美（无锡）能源材料有限公司、格林美（武汉）城市矿产循环产业园开发有限公司入选工业和信息化部第一批、第二批符合《新能源汽车废旧动力蓄电池综合利用行业规范条件》再生利用、梯次利用的企业名单。格林美的资质优势为其带来了优质的客户资源，聚焦高镍三元前驱体核心客户，不断深化产业链融合，强化与全球 TOP5 电池厂商的深度合作。

打造"电池回收—原料再造—材料再造—电池包再造—再使用—梯次利用"全生命周期价值链体系。格林美树立"电池回收领跑世界，循环利用覆盖全球"的循环产业理念，横跨东西辐射南北产业布局。构建"2+N+2"动力电池回收利用产业体系。第一个"2"表示"武汉+无锡"两个综合回收处置中心；"N"表示公司其他回收处置基地+其他社会回收网络，以平台化模式发展上下游的回收网络平台；第二个"2"表示"荆门+泰兴"两个资源化利用中心，形成"武汉+荆门"与"无锡+泰兴"两个闭路循环的动力电池综合利用产业链。

格林美依托自身湿法冶金技术的领先优势，建成荆门、泰兴、无锡、宁德、印尼等动力电池材料再制造中心，计划在 2025 年将三元前驱体和四氧化三钴出货量分别提升至 40 万 t 和 3.5 万 t。格林美建成荆门、武汉、无锡、天津、宁波、深汕等六大动力电池综合利用中心，布局"沟河江海"全球网络回收体系。年拆解产能 20 万 t，梯次利用产能 1.5 GW·h，产品主要应用于低速电动车用电池、工程机械用动力电池、工业 UPS 等领域。

格林美主要采取的技术是湿法回收。其拥有 20 多年的湿化技术，建立了完整的"化工原料体系+前体制造体系"，将回收的含钴镍废料经过卸料、拆解、破碎、分选等预处理，经高温冶炼提纯得到粗合金，又经球磨、酸溶、电化学活化溶解得到粗镍钴溶液，再经化学提纯和萃取提纯得到高纯镍钴溶液液相合成，最终可以得到镍钴前驱体，并通过高温热处理得到相应的粉末。

格林美研发实力强劲，专利成果丰富。其自主研发了百余项核心技术，累计申请2181件专利，编制修订273项国家和行业标准，取得了三元动力电池原料与材料制造、电子废弃物循环利用、硬质合金废料综合利用等行业关键技术成果。实现了电子废弃物绿色循环关键技术及产业化，攻克的报废线路板免焚烧、无氰化处理的环保技术是该领域世界一流的核心技术；攻克了钴镍等稀缺资源循环利用的关键技术，使循环再造超细钴镍材料替代主流产品。

2019年和2020年，格林美动力电池综合利用业务盈利能力呈上升趋势，营业收入分别为3388万元和9321万元，占公司总营业收入的比重有所上升，分别为0.2%和0.8%，毛利率分别为16.1%和20.0%。

5.4.2　锂电池回收专利态势分析

1. 专利申请态势

图5-13所示为格林美回收领域专利申请量的发展趋势，截至公开日2022年9月13日，格林美锂电池回收领域共申请专利23件。从2007年开始进行专利申请，2011年以前，专利申请量不大，从2016年开始，申请量开始增多，但一直没有突破10件，2018年达到峰值（8件），近年来申请量很少。由于发明专利自申请日起一般需要18个月才能予以公开等因素，2021—2022年的数据不完整，不能反映当年的申请状况。

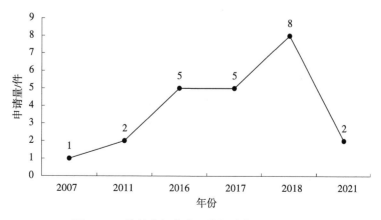

图 5-13　格林美锂电池回收领域专利申请趋势

注：2008—2010年、2012—2015年、2019—2020年无专利申请。

2. 专利类型与法律状态

图 5-14 所示为格林美锂电池回收领域专利类型与法律状态。该领域 23 件专利申请中，发明专利 17 件，实用新型专利 6 件。其中有效专利 15 件，审中专利 5 件，无效专利 3 件（驳回 2 件，撤回 1 件）。

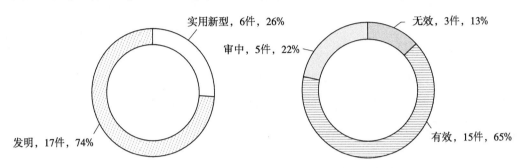

图 5-14　格林美锂电池回收领域专利类型与法律状态

3. 专利申请发明人

图 5-15 所示为格林美锂电池回收领域专利申请发明人情况，申请量 10 件以上的有许开华。许开华现为格林美股份有限公司法定代表人，是"有限资源，无限循环"产业理念的提倡者。从事废旧资源回收的研究和产业化 20 多年，先后在废电池、废灯、电子垃圾、废车等突出污染物绿色回收的关键技术领域成功申请专利 100 余件，其所在企业参与制定国家和行业标准 70 余项，在欧美、日本等 20 多个国家或地区获得专利授权 10 余件。利用专利技术，打造国内最大的废旧电池、废旧电器绿色处理基地。

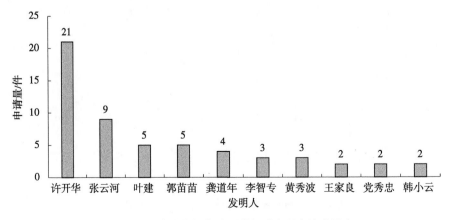

图 5-15　格林美锂电池回收领域专利申请发明人

4. 合作申请与专利转让

格林美锂电池回收领域无合作申请专利。

格林美锂电池回收领域转让专利共 8 件，其中内部子公司之间转让 1 件，对外转让 7 件，均发生于 2022 年。在对外转让中，转让给武汉动力电池再生技术有限公司 1 件，为 CN201720754885.3；转让给荆门动力电池再生技术有限公司 6 件，分别为 CN201720762210.3、CN201810501687.5、CN201820773216.5、CN201811114053.0、CN201821567657.6、CN201811416385.4（见表 5-15）。

表 5-15　格林美锂电池回收领域转让专利

转让人	受让人	转让专利	时间
格林美股份有限公司	武汉动力电池再生技术有限公司	CN201720754885.3 一种用于拆解锂电池的 L 型夹持件	2022.01.07
格林美股份有限公司	荆门动力电池再生技术有限公司	CN201720762210.3 一种废旧锂电池回收装置	2022.03.18
		CN201810501687.5 一种废旧电池的资源化回收利用工艺和系统	2022.02.01
荆门市格林美新材料有限公司		CN201820773216.5 一种废旧电池的资源化回收利用系统	2022.03.08
		CN201811114053.0 一种废旧锂电池处理方法及设备	2022.02.01
		CN201821567657.6 一种废旧锂电池处理设备	2022.03.15
		CN201811416385.4 一种废旧电池正极材料回收再利用工艺	2022.02.08

格林美质押专利 1 件——CN200710125489.5 一种废弃电池的控制破碎回收方法及其系统，该专利在 2014 年到 2020 年间多次被质押给银行，用于资金周转。

5.4.3　锂电池回收专利布局及运营特点

图 5-16 所示为格林美在锂电池回收领域相关专利各技术主题的申请趋势。可以看出，格林美在 2007 年开始进行锂电池回收的专利申请，初期技术研发方向集中于物质回收，2016 年以后该领域无新的专利申请；2011 年开始进行工艺过程的研究，2016 年在该领域有一定的专利申请，2018 年也有 1 件专利申请，由此可以判断在这几年间，格林美主要针对锂电池回收生产线的具体生产工艺进行研究；回收设备是格林美的主

要研发方向，该领域共有 10 件专利，集中在 2017—2018 年申请，是配合生产过程而进行的设备布局和改进，但近年来该领域没有新的专利申请，这是由于该技术领域的设备已相对成熟，大的技术改进尚需时间；为配合生产线，前期处理在 2016 年、2018 年和 2021 年也有一定的专利申请，但数量并不多；综合利用仅在 2021 年有 1 件申请，由此可见，该领域不是格林美的主要研究方向。

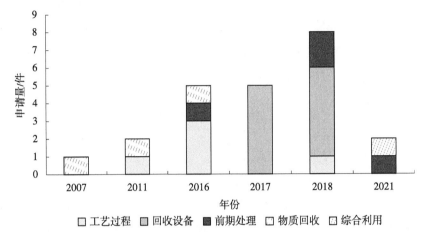

图 5-16 格林美锂电池回收专利技术主题申请趋势

注：2008—2010 年、2012—2015、2019—2020 年无专利申请。

格林美在锂电池回收技术领域专利申请覆盖锂电池回收的各方面（见表 5-16），但是其研究重点多集中于回收设备与工艺过程，在前期处理、物质回收和综合利用等领域涉及较少。在工艺过程中，主要关注修复再生的方法。

表 5-16 格林美锂电池回收专利技术分支

技术类别	专利数量/件	技术分支	专利数量/件
工艺过程	5	湿法冶金	1
		修复再生	4
回收设备	10	物质回收	2
		拆卸	3
		系统	4
		预处理	1
前期处理	4	预处理	1
		分离方法	3
物质回收	3	电芯回收	3
综合利用	1	合成新的化合物	1

5.4.4 锂电池回收专利技术特点分析

本小节将格林美锂电池回收技术中的回收设备作为重点内容进行分析（见表 5-17）。如专利 CN201710499125.7，该发明适用于锂电池回收拆解技术领域，提供一种锂电池拆解平台，包括台座、台座中间有一段空缺位，所述空缺位上设置有一对相向设置的 L 形夹持件，所述台座一侧还安装有门形框架，所述门形框架内竖直设置有两根滑杆，所述两根滑杆之间为丝杆，所述丝杆上有切割件。在该发明专利技术中，锂电池交付到底座时，两个 L 形夹持件夹持锂电池，然后夹持件的刀具紧贴锂电池表面。第三电机带动切割机上下移动，切割刀片完成对锂电池表面塑料外壳的切割。完成后，电动推杆工作，将锂电池向上推，然后第二电机带动圆形板和气动吸附板旋转，完成锂电池的表面更换，然后继续切割。当锂电池的四个侧面被切断时，锂电池将被回滚，以便后续拆卸。整个项目不需要人工操作，方便快速切割拆卸锂电池外壳。

表 5-17 格林美在锂电池回收技术中回收设备方面的相关专利

序号	专利号	专利名称	技术要点	技术效果
1	CN201710463585.4	一种锂电池正极材料连续焙烧方法及装置	系统	实现了锂电池正极材料连续焙烧，后续流程中无须长时间等待材料焙烧，提高了锂电池正极材料处理效率
2	CN201710499125.7	一种锂电池拆解平台	拆卸	当锂电池的四个面切割完成后，将锂电池回退，进行后续拆解，整个过程无须人工操作，可以方便快速地对锂电池的壳体进行切割拆解
3	CN201720754885.3	一种用于拆解锂电池的 L 形夹持件	拆卸	该 L 形夹持件不仅可以夹持住锂电池，而且还可以转动夹持住的锂电池，无须人工参与锂电池换向，可以方便快速地对锂电池的壳体进行切割拆解，提高工作效率
4	CN201720762210.3	一种废旧锂电池回收装置	系统	该实用新型提供的一种废旧锂电池回收装置，可实现破碎分选一体化，自动化程度高，处理效率高，安全环保

序号	专利号	专利名称	技术要点	技术效果
5	CN201720903747.7	一种废锂电池渣回收浸泡装置	预处理	通过调整手摇驱动支撑架的高度可以对滚动轮的高度做出调整；可以推动本实用新型在地面自行移动；可以防止本实用新型在地面自行移动；实现了手摇驱动支撑架的高度调整，使用起来方便
6	CN201810162520.0	一种废旧锂电池的拆解回收系统及拆解回收方法	拆卸	该发明提出的废旧锂电池的拆解回收系统及拆解回收方法，可以在保证废旧锂电池或废旧锂电池包的拆解效率的同时，完全避免了有机废气和粉尘的产生，避免了电池中所含有害物质污染环境，提高了废旧锂电池的利用率
7	CN201811276975.1	一种锂离子电池负极锂回收处理装置	物质回收	进行后续回收操作时，只需将其作为阳极进行电解还原反应即可方便回收金属锂，显著提高了对废锂离子电池金属锂的回收利用效率
8	CN201820275192.0	一种废旧锂电池的拆解回收系统	系统	该实用新型提出的废旧锂电池的拆解回收系统可以在保证废旧锂电池或废旧锂电池包的拆解效率的同时，完全避免了有机废气和粉尘的产生，避免了电池中所含有害物质污染环境，提高了废旧锂电池的利用率
9	CN201820773216.5	一种废旧电池的资源化回收利用系统	系统	该实用新型所提出的废旧电池资源化回收利用系统能够通过简单切换，满足多种类废旧电池材料的资源化回收处理，采用该技术方案至少能够实现废锂电池、回收极片或报废极片以及干电池中金属及正负极活性物质的有效分离，相对于现有的电池回收处理技术，能够显著地降低企业的回收成本，以及提高回收效率
10	CN201821567657.6	一种废旧锂电池处理设备	物质回收	该实用新型可将电池进行整体热解，可通过铝壳保护内部的正极片铝箔不被氧化，减少后端破碎工序过程中铝进入到含钴镍粉料中；采用负压无氧环境进行低温热解和冷却，保证铝和铜的金属延展性，有利于正负极片与正负极活性材料的分离，可以实现电解液、隔膜纸的热解率不低于99%

5.5　中伟新材料股份有限公司

5.5.1　基本情况

中伟新材料股份有限公司（以下简称"中伟股份"）成立于 2014 年 9 月，为湖南中伟控股集团有限公司旗下控股子公司、上市主体，是专业的新能源材料综合服务商，属于国家战略性新兴产业中的新材料、新能源领域。中伟股份被认定为国家企业技术中心、国家高新技术企业，获得"国家智能制造""绿色制造工厂"等示范项目称号。

中伟股份已与国内外数十家知名企业达成战略合作，其自主开发的高电压四氧化三钴、高镍 NCM、NCA 等核心产品跻身中国、欧美、日韩地区世界 500 强企业高端供应链，广泛应用于 3C 数码领域、动力领域及储能领域。2020 年、2021 年连续两年三元前驱体、四氧化三钴出货量、出口量稳居全球第一。

在国内，中伟股份已建立铜仁（上市主体）产业基地、宁乡产业基地、钦州产业基地、开阳产业基地；在国外，建有印尼原料基地，并启动规划国际化产业基地，业务覆盖日韩、东南亚、欧洲以及北美等多个国家和地区。中伟股份始终以研发创新为核心，专注新能源材料领域的研发，持续加大研发投入，以高镍低钴全系列三元前驱体、高电压四氧化三钴、综合循环回收利用、原材料冶炼、材料制造装备为主要研发方向，同时积极布局磷铁系、锰系以及钠系技术路线，打造多样化、定制化、快速开发与量产的技术服务能力及产业化应用能力，引领行业技术创新。

在我国推动发展循环经济的产业大环境下，中伟股份积极响应国家相关政策要求，结合自身优势大力布局循环产业，2016 年成立全资子公司贵州中伟资源循环产业发展有限公司，专注于废旧动力锂离子电池再生利用及梯次利用，打造全新的新能源材料循环体系。主营业务包含废旧动力电池及电池厂废料分类贮存与综合回收利用；废弃资源循环利用技术的研究、开发与综合利用以及电池产品、电池原材料的销售等。

中伟股份西部基地废旧锂离子电池综合回收循环利用产业化项目总规划占地 700 亩，全部建成后预计年处理退役动力锂离子电池 5 万 t。一期已建成动力电池回收处理能力 2.5 万 t/年,镍金属回收处理能力 1 万 t/年,钴金属回收处理能力 300 t/年。一期产能全部释放后,仍然远不能满足中伟股份原材料保障需求,因此已启动二期 2.5 万 t 动力电池(约相当于 10 万辆新能源乘用车退役动力电池量)回收处理项目建设。

5.5.2 锂电池回收专利态势分析

1. 专利申请态势

截至公开日 2022 年 9 月 13 日,中伟股份锂电池回收领域共申请专利 16 件,2017 年申请专利 1 件,2018 年申请专利 15 件。近年来在该领域无新的专利申请。

2. 专利类型与法律状态

图 5-17 所示为中伟股份锂电池回收领域专利类型与法律状态。该领域 16 件专利申请中,发明专利 12 件,实用新型专利 4 件。其中有效专利 11 件,审中专利 4 件,无效(驳回)专利 1 件。

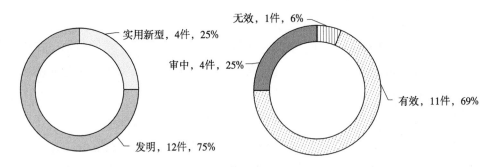

图 5-17 中伟股份锂电池回收领域专利类型与法律状态

3. 专利申请发明人

对中伟股份锂电池回收领域专利申请发明人进行分析可知,申请量 10 件的发明人为陈军,其为中伟股份循环板块负责人。排名第 2 位的邓伟明,专利申请量为 7 件,其为中伟新材料股份有限公司董事长。

4. 合作申请与专利转让

中伟股份在锂电池回收领域无合作申请专利。

中伟股份在锂电池回收领域的受让专利共 3 件，属于专利购买与引进（见表 5-18），均发生于 2019 年。

表 5-18　中伟股份锂电池回收领域受让专利

转让人	转让专利	时间
成都新柯力化工科技有限公司	CN201710816715.8 一种低成本稳定回收锂电池正极材料的方法	2019.07.04
朱伟	CN201810391455.9 一种利用回收资源制备锂离子电池的方法	2019.12.16
四会市恒星智能科技有限公司	CN201810594940.6 一种从废旧锂离子电池中回收有价金属的方法	2019.12.18

5.5.3　锂电池回收专利布局及运营特点

图 5-18 所示为中伟股份在锂电池回收领域相关专利技术主题的申请趋势。可以看出，专利申请主要开始于 2017 年，2018 年集中申请一批，其他年份无相关专利申请。中伟股份无前期处理方面的专利申请，其专利技术主要集中于回收设备方面，2018 年共申请了 13 件相关专利；综合利用技术仅在 2017 年申请了 1 件专利；物质回收和工艺过程在 2018 年分别申请了 1 件专利。

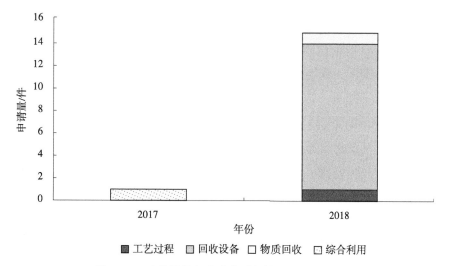

图 5-18　中伟股份锂电池专利各技术分支申请趋势

中伟股份在锂电池回收技术领域专利申请覆盖锂电池回收的 4 个方面（见表 5-

19），其研究重点集中在回收设备上。

表 5-19 中伟股份锂电池回收专利技术分支

技术类别	专利数量/件	技术分支	专利数量/件
工艺过程	1	修复再生	1
回收设备	13	物质回收	7
		拆卸	2
		系统	2
		预处理	2
物质回收	1	电芯回收	1
综合利用	1	多种材料回收	1

中伟股份在循环利用方面加大技术研发，与中南大学、清华大学等高等院校建立产学研联盟，不断提高退役动力电池的处置技术和贵金属回收率，同时发挥集团综合优势，积极拓展产业链上下游合作，通过建立退役动力电池回收服务网点、提供规范化退役动力电池处置服务，不断加强与整车企业、动力电池企业、梯次利用企业、危废物流运输企业、环保处置企业和报废汽车拆解企业等的深度合作。

5.5.4 锂电池回收专利技术特点分析

本小节将中伟股份锂电池回收技术中的回收设备作为重点内容进行分析（见表 5-20）。如专利 CN201810518285.6，该发明公开了一种废锂电池成套回收装置，主要用于废旧锂电池的精炼、破碎、筛选和回收，属于破碎机械设备生产的技术领域。该发明先后由以下设备组成：加热精炼炉、输送带、一次破碎机、进料输送机、二次破碎机、磁性输送带、振动筛、废锂电池、固体废弃物通过输送带输送到一次破碎机进行初始破碎，破碎后的物料通过进料输送机输送到二次破碎机进行进一步破碎，物料由磁性输送带输送到振动筛，物料经振动筛两次过滤后进行分选收集。该发明使正负极材料的分类更好，浓缩、分离更充分，不污染环境。

表 5-20 中伟股份在锂电池回收技术中回收设备方面的相关专利

序号	专利号	专利名称	技术要点	技术效果
1	CN201810349595.X	一种废旧动力锂电池快速放电装置	预处理	该发明通过把废旧动力电池放置于放电箱内,利用高压电极电晕放电原理,让高压电极尖端处的盐雾瞬间产生电离场,电离场局部聚集的空间电荷通过铜质喷头连接管导通废旧电池的正负极瞬间进行快速放电,高效安全
2	CN201810350419.8	一种废旧动力锂电池放电装置	预处理	该发明 PLC 控制系统自动控制注胶装置流出导电胶注在电池的正、负极之间,连接成胶条状,废旧电池就会自行放电,节省人力、安全、便捷
3	CN201810518285.6	一种废旧锂电池成套回收装置	物质回收	该发明使正极、负极材料较好地分类集中处理,分离更充分,不污染环境
4	CN201810518297.9	一种废旧动力锂电池模组破拆装置	拆卸	该发明实现对电池模组的内芯和外壳的分离、拆解
5	CN201810719501.3	废旧锂电池电解液六氟磷酸锂回收利用装置	物质回收	该发明可彻底除去废气,且分两次处理,避免了单次处理融解不充分的问题,保证了空气质量
6	CN201811117259.9	一种用于废旧锂电池中金属回收的系统	系统	该发明便于工作人员对废旧电池进行收集,避免了废旧电池有所遗漏;避免了燃烧过程中热量的浪费,避免了热量流失;避免了热量直接出现对工作人员造成伤害的情况
7	CN201811461120.6	一种锂电池电解液冷冻收集装置	物质回收	该发明能将锂电池内部电解液冷冻并进行收集,避免了废旧电池处理过程中电解液的收集不完全而造成的浪费
8	CN201811461126.3	一种锂电池电解液冷式回收过滤装置	物质回收	上滤板能够防止穿刺针上升时将电池带起,下滤板可以起到过滤板作用,使电池与电解液发生固液分离,解决了目前电解液内掺杂固体碎片的问题,提高了回收率与利用率
9	CN201811461127.8	一种废锂电池冷式防溅撒的电解液回收装置	物质回收	该发明可以防止在粉碎过程中电解液发生溅洒问题,解决了目前在进行电解液回收时出现电解液溅洒问题,避免了环境污染,保护了工作人员的健康,提高了作业安全性
10	CN201820794514.2	废旧锂电池成套回收装置	物质回收	该实用新型实现了正极、负极材料较好的分类集中处理,分离更充分,不污染环境

序号	专利号	专利名称	技术要点	技术效果
11	CN201820795413.7	废旧动力锂电池模组破拆装置	拆卸	该实用新型设置两个工位，前工位通过平面铣盘总成铣平电池模组的上盖，后工位通过破拆总成插入电池模组的四周侧面缝隙撑开外壳，从而实现对电池模组的内芯和外壳的分离、拆解
12	CN201821046117.3	一种废旧动力锂电池串并联再利用的固定装置	系统	该实用新型通过设置存储机构总成，解决了现有技术安装和拆卸十分困难的问题
13	CN201821427882.X	一种废旧锂电池回收装置	物质回收	该实用新型通过设置滤网、电解液回收箱、滚筒和翻板，解决了传统的锂电池回收装置电解液回收不便，磁性材料回收不完全的问题

5.6 国轩高科股份有限公司

5.6.1 基本情况

国轩高科股份有限公司（简称"国轩高科"）成立于 1995 年 1 月，中国总部坐落于合肥市包河区。系中国动力电池产业最早进入资本市场的民族企业，拥有新能源汽车动力锂电池、储能、输配电设备等业务板块，建有独立成熟的研发、采购、生产、销售体系。国轩高科在中国合肥、中国上海、美国硅谷、美国克利夫兰、德国哥廷根、日本筑波、印度浦那等地和新加坡南洋理工大学建立了全球八大研发中心；在合肥、南京、南通、青岛、唐山、柳州、桐城、宜春等地成立了十大电池生产基地，并在德国、印度、越南、美国等国布局海外生产基地。

国轩高科是国内最早从事新能源汽车锂离子电池自主研发、生产和销售的企业之一。主要产品为磷酸铁锂材料和电池、三元材料和电池组、动力电池组、电池管理系统和储能电池。其产品广泛应用于纯电动乘用车、商用车、专用车、轻型车等新能源汽车领域，同时为储能电站、通信基站等提供系统解决方案。国轩高科先后通过

ISO9000 等"三标一体"认证和 TS16949 质量体系认证,检测实验中心被评为国家 CNAS 认可检测中心,储能实验室被授予目击实验室资质;产品通过多项国内及国际认证。

国轩高科先后荣获"国家火炬计划重点高新技术企业""锂离子电池全产业链应用开发项目单位""国家企业技术中心""国家知识产权示范企业""国家级绿色工厂""中国驰名商标""国家知识产权优势企业"等荣誉称号,并且拥有国家级博士后科研工作站和省级院士工作站,综合实力位居全球新能源锂电池行业第一方阵。

公司拥有研发技术人员 5000 多人,截至 2022 年 9 月底,国轩高科累计申请专利 6053 件,其中发明专利 2714 件(含 174 件国外专利),实用新型专利 2939 件,外观设计专利 400 件;累计授权专利 4068 件,其中授权发明专利 1084 件(含 70 件国外授权发明专利),授权实用新型专利 2608 件,授权外观设计专利 376 件。累计发表研究论文 262 篇,其中 SCI 论文 23 篇、核心刊物论文 147 篇;软件著作权登记 125 项,作品登记 3 项。国轩高科主持及参与标准制定共 54 项,包含 2 项国际标准、22 项国家标准、8 项行业标准、6 项地方标准、16 项团体标准。

国轩高科的专利技术除了在中国广泛分布,还分布在欧洲、美国、日本、韩国等国家和地区。专利技术主要涵盖电池的四大主要材料,还包括电池结构设计、电池加工技术与设备、电池管理系统、电池组、检测与评估、拆卸与回收、储能。专利布局覆盖电池全产业链技术。

5.6.2 锂电池回收专利态势分析

1. 专利申请态势

截至 2022 年 9 月 13 日,国轩高科锂电池回收领域共公开专利 45 件。图 5-19 所示为国轩高科锂电池回收领域专利申请趋势。2011 年出现该领域首件专利申请;从 2015 年开始申请量逐渐增加,到 2016 年达到峰值,当年新申请专利 21 件;2017—2021 年,该领域申请量呈下降趋势。由此也可以看出,该领域的技术研究可能进入了瓶颈期,想要突破取得新的成果,需要一定时间的研究攻关。

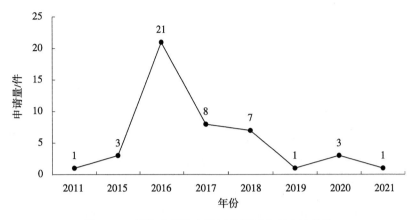

图 5-19　国轩高科锂电池回收领域专利申请趋势

注：2012—2014 年无专利申请。

2. 专利类型与法律状态

图 5-20 所示为国轩高科锂电池回收领域专利类型与法律状态。该领域 45 件专利申请中，发明专利 35 件，实用新型专利 10 件，无外观设计专利。其中，授权专利 27 件，审中专利 3 件，无效专利 15 件（驳回 14 件，避重放弃 1 件）。

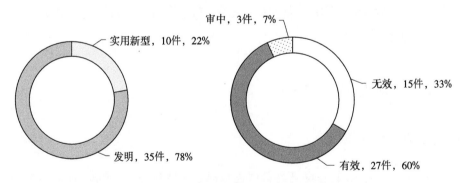

图 5-20　国轩高科锂电池回收领域专利类型与法律状态

3. 专利申请发明人

对国轩高科锂电池回收领域专利申请发明人进行分析（见图 5-21），申请数量有 19 件的发明人为曹利娜，其是该企业锂电池方向的技术研发人员。

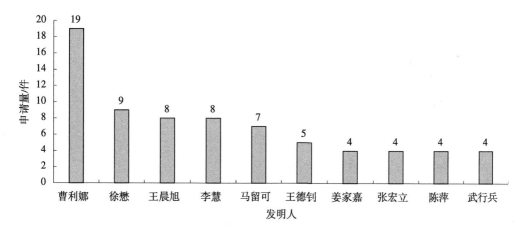

图 5-21　国轩高科锂电池回收领域专利申请发明人

4. 合作申请与专利转让

国轩高科锂电池回收领域无合作申请专利。

国轩高科锂电池回收领域转让专利 1 件——CN201510613426.9 失效方形锂离子电池负极石墨材料的回收再利用方法，受让人为安徽巡鹰新能源科技有限公司，转让时间为 2019 年 3 月。该发明公开了一种方法：将失效的方形锂离子电池完全放电，然后将负极取出，置于稀盐酸溶液中进行超声波溶解；石墨片与流体收集器完全分离后，超声波停止；取出分离的流体收集器，对流体收集器进行清洗和干燥，然后完成流体收集器的回收；剩余石墨浆经过滤、低温真空干燥、筛分得到初级纯化石墨材料，置于水浴氧化剂溶液中进行超声波处理，再离心、洗涤、低温真空干燥、筛分，得到二级纯化石墨材料；将石墨材料浸入水浴还原溶液中，在低温和氮气气氛中同时进行超声波反应，然后在氮气气氛中热处理修复石墨材料；经过冷却和筛分，可得到电池级改性石墨粉。该发明专利技术反应能耗低，回收率高。

5.6.3　锂电池回收专利布局及运营特点

图 5-22 所示为国轩高科在锂电池回收领域相关技术主题的专利申请趋势。专利申请开始于 2011 年，相关技术为工艺过程，但该技术并不是国轩高科的重点研究方向，因为仅在 2011 年和 2020 年各有 1 件专利申请。前期处理技术相关专利申请都集中在 2016 年，近年来没有该领域的专利申请。物质回收技术为国轩高科的重点技术研究方

向,相关专利申请始于 2015 年,直至 2018 年均有申请,2019 年和 2020 年未见相关技术专利申请,2021 年又有新的申请。虽然该领域专利申请数量较多,但结合法律状态分析,专利的授权率并不高,很大一部分专利申请被驳回,主要原因是专利的创新性不够。回收设备是国轩高科比较关注的另一个方向,从 2015 年开始一直到 2020 年(2017 年除外),都有回收设备相关的专利申请,由此可见,国轩高科比较关注锂电池回收配套设备的开发与改进。综合利用技术方面,2016—2018 年均有一定数量的专利申请,2019 年以后没有新的专利申请出现。

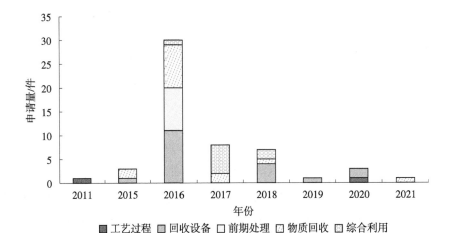

图 5-22　国轩高科锂电池回收领域相关技术主题的专利申请趋势

注:2012—2014 年无专利申请。

国轩高科在锂电池回收技术领域的专利申请覆盖锂电池回收所有技术领域(见表 5-21),但是其研究重点多集中于回收设备和物质回收上。回收设备方面主要关注电池的拆卸方面的设备研发,以及物质回收方面的设备的研发;在物质回收方面主要研究电芯的回收;在前期处理和综合利用方面分别有 9 件专利申请,但是技术较为分散,暂未形成一定的体系;在工艺过程方面,主要关注修复再生的方法。

表 5-21　国轩高科锂电池回收专利技术分支

技术类别	专利数量/件	技术分支	专利数量/件
工艺过程	2	修复再生	2
回收设备	19	物质回收	8
		拆卸	10
		预处理	1

技术类别	专利数量/件	技术分支	专利数量/件
前期处理	9	预处理	1
		拆卸	2
		分离方法	6
物质回收	15	电芯回收	11
		电解液回收和处理	2
		隔膜处理	2
综合利用	9	合成新的化合物	4
		多种材料回收	5

5.6.4 锂电池回收专利技术特点分析

本小节将国轩高科锂电池回收技术中的电芯回收作为重点内容进行分析。

表 5-22 所列为国轩高科锂电池回收技术中电芯回收的相关专利。不难看出，国轩高科重点关注负极材料——石墨或铜的回收，仅有几项技术涉及锂或镍钴锰的回收。例如发明 CN201510460851.9 一种从废旧锂离子电池及报废正极片中回收磷酸铁的方法，包括以下步骤：将废旧锂离子蓄电池放电，拆下外壳，得到电池内芯；将所得电池内芯浸入有机溶剂中以去除电解质；去除电解液后的电池内芯破裂成 2~4 cm 的碎片；有机溶剂挥发后，将内芯碎片浸入水中，并将正负阳极材料与铝箔和铜箔集流体分离。除去收集器流体和隔膜后，过滤正负阳极混合物。将正极和负极的混合物焙烧，然后用无机酸浸出，通过过滤获得浸出溶液。向浸提液中加入适量的过氧化氢，然后向浸提液中加入适量氨水。在此过程中，不断产生降水。最后，将 pH 提高到 2~4，通过过滤、洗涤和干燥获得磷酸铁。

表 5-22 国轩高科锂电池回收技术中电芯回收方面的相关专利

序号	专利号	专利名称	技术要点	技术效果
1	CN201510460851.9	一种从废旧锂离子电池及报废正极片中回收磷酸铁的方法	沉淀法	该发明实现了废旧锂离子电池和报废极片的回收，进行了资源再利用

序号	专利号	专利名称	技术要点	技术效果
2	CN201510613426.9	失效方形锂离子电池负极石墨材料的回收再利用方法	超声处理	该发明反应能耗较低、回收高效
3	CN201610654667.2	一种电解回收废旧锂离子电池的负极材料及铜箔的方法	电化学法	该方法可有效地分离出负极材料和铜箔,并且所得负极材料和铜的纯度较高,具有可观的经济效益及良好的社会效益
4	CN201610654668.7	一种废旧锂离子电池中六氟磷酸锂回收方法	溶剂溶解法	该方法六氟磷酸锂的回收率高;生产投入较少,以较便宜的物料回收价值高昂的六氟磷酸锂,而且回收过程中物料损耗较少,既创造了可观的经济效益,避免了锂资源的浪费,又防止了六氟磷酸锂和电解液对环境的污染
5	CN201610662342.9	一种锂电池电极的电镀剥离回收方法	电镀剥离	该发明具有清洁、高效分离电极活性材料的优点,金属离子沉积到表面时均一性好,能很快地破坏原来黏结剂与表面的键合作用,使活性材料彻底脱离,达到分离的目的。使用一定功率的超声波震荡,加速了活性物质从集流体的脱落,所得正负极活性材料与溶液不相溶,且没有引入固体杂质
6	CN201610797139.2	一种利用锂离子电池负极回收石墨的制备方法	高温	该方法能够对锂离子电池生产过程中产生的废弃负极片进行连续回收,流程简洁,仅以物理方式分离,运行成本低
7	CN201610879320.8	一种锂电池负极材料回收方法	物理分离	该发明通过简单有效的物理方法来分离回收铜箔和石墨粉,不使用化学试剂,环保高效
8	CN201710336679.5	一种从废旧锂离子动力电池中回收有价金属的方法	萃取法	该回收方法简单,对三元和铁锂电芯同时进行处理,减少了电池分拣的步骤,适用于大规模生产
9	CN201710336688.4	一种从废旧磷酸铁锂电池中回收锂的方法	萃取法	该发明中锂以磷酸锂的形式回收,回收工艺简单,对电池卷芯进行直接处理,处理工艺效率高,适用大规模的工业生产

续表

序号	专利号	专利名称	技术要点	技术效果
10	CN201811032448.6	一种废旧钛酸锂电池的回收方法	萃取法	该发明实现了钛酸锂电池中正负极混料的同时回收，降低了电池破碎分选过程中分离正负极混料的难度，实现了钛酸锂电池正负极混料中有价金属的回收，提高了所得产品的纯度
11	CN202110098035.3	一种报废三元锂电池粉的回收方法	膜分离	该方法解决了三元锂电池粉中铜、铝、石墨等杂质金属/非金属对最终产品纯度的影响，确定了一条高效短流程、分离效果好、绿色无污染的报废三元锂电池粉的工业化回收方法，具有良好的社会效益和可观的经济效益

5.7　广东佳纳能源科技有限公司

5.7.1　基本情况

广东佳纳能源科技有限公司（以下简称"佳纳能源"），主要从事锂电池材料三元前驱体及高端钴盐等产品的研发、生产、销售。

2003年，佳纳能源落户清远英德，进军钴行业；2011年，佳纳能源转型升级，向锂电池正极材料领域进军，建成三元前驱体中试线；2017年，广东道氏技术股份有限公司增资控股；2018年，广东道氏技术股份有限公司全资收购，发展步入新阶段；2019年，三元前驱体实现22000 t产能；2021年，三元前驱体实现32000 t产能。

佳纳能源专注于有色金属资源的开采及新材料的生产和销售，拥有从金属矿产、新材料产品到回收再利用的闭环产业链，是业内为数不多的产业链完整的高新技术企业之一。佳纳能源的产品广泛应用于高端智能装备、新能源汽车、磁性材料、航空航天、军工等领域；经过将近20年的发展，高端钴盐及三元前驱体的出口处于行业前列。

5.7.2 锂电池回收专利态势分析

1. 专利申请态势

截至 2022 年 9 月 13 日，佳纳能源锂电池回收领域共公开专利 11 件。图 5-23 所示为佳纳能源锂电池回收领域专利申请趋势。不难看出，佳纳能源在该领域的首件专利申请出现于 2017 年，2018 年申请量最多，达到 6 件，之后申请量急速下降。

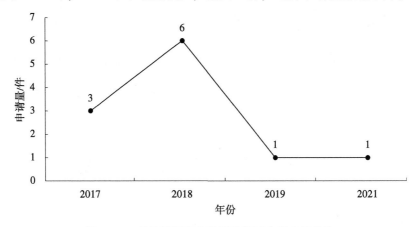

图 5-23　佳纳能源锂电池回收领域专利申请趋势

注：2020 年无专利申请。

2. 专利类型与法律状态

图 5-24 所示为佳纳能源锂电池回收领域专利类型与法律状态。11 件专利申请中，发明专利 6 件，实用新型专利 5 件，无外观设计专利。其中，有效专利 7 件，审中专利 1 件，无效专利 3 件。

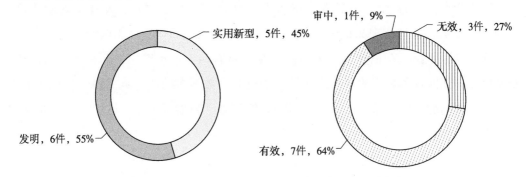

图 5-24　佳纳能源锂电池回收领域专利类型与法律状态

3．专利申请发明人

对佳纳能源锂电池回收领域专利申请发明人进行分析，申请数量最多的发明人为彭灿，其为该企业的技术研发人员。佳纳能源作为 2016 年广东省制造业 100 强企业，现拥有省工程技术研发中心、省企业技术中心、省院士工作站、省博士后创新实践基地、省企业科技特派员工作站（与华南理工大学、江西理工大学、湖南工业大学共同组建）、中南大学—广东佳纳联合研究院等研发创新平台。已成立清远佳致新材料研究院有限公司，致力于研发创新的可持续发展。

4．合作申请与专利转让

佳纳能源在锂电池回收领域有合作申请专利 3 件。其中，2 件是与长沙佳纳锂业科技有限公司在 2017 年合作申请的，专利 CN201710557408.2 一种废旧锂离子电池的溶剂分选预处理方法和专利 CN201710774006.8 一种废旧三元锂离子电池正极材料固相再生的方法；1 件是与中南大学在 2017 年合作申请的，专利 CN201710106101.0 一种回收锂离子电池正极材料和集流体的方法。

佳纳能源在锂电池回收领域有受让专利 1 件，转让人是长沙佳纳锂业科技有限公司，转让时间为 2021 年 4 月。该专利 CN201910682376.8 一种分离装置、剥离装置以及电池正极的回收方法，涉及化学材料回收利用的技术领域，具体提供一种分离装置、剥离装置以及电池正极的回收方法。该发明的分离装置结构包括筛分装置和接料装置；所述筛分装置与所述接料装置可拆卸连接，且所述筛分装置位于所述接料装置的上方。该发明的剥离装置结构包括反应槽和至少一个喷射装置；所述喷射装置设置在所述反应槽的侧壁和/或所述反应槽其中一个端头的内壁。该发明的锂电池正极的回收方法包括分离和剥离。该发明的分离装置和剥离装置结构简单、操作简便，回收方法工艺流程短，设备简单，剥离率高，且生产过程中不增加副产物，剥离出来的集流体纯净，不夹杂集流体、电解液等，方便后续的回收处理。

5.7.3　锂电池回收专利布局及运营特点

图 5-25 所示为佳纳能源在锂电池回收领域相关技术主题的专利申请趋势。佳纳能源的专利申请开始于 2017 年，为工艺过程的相关技术，但该技术并不是佳纳能源的重

点研究方向，因为仅在 2017 年和 2018 年各有 1 件专利申请；前期处理技术相关专利申请集中在 2017 年，近年来没有该领域的专利申请；物质回收技术领域仅在 2021 年有专利申请，虽然专利申请数量很少，但结合该技术出现的时间，佳纳能源未来的研发重点方向可能会倾向于该领域；回收设备是佳纳能源比较关注的一大方向，专利申请集中于 2018—2019 年，而且有一定的数量基础，由此可见，佳纳能源比较关注锂电池回收配套设备的开发与改进；佳纳能源在综合利用技术方面没有相关技术的专利申请。

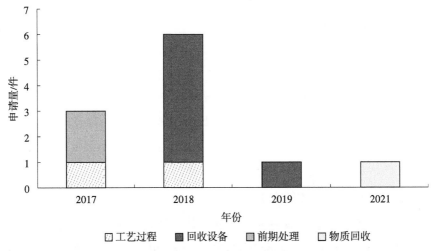

图 5-25　佳纳能源锂电池回收领域相关技术主题的专利申请趋势

注：2020 年无专利申请。

佳纳能源在锂电池回收技术领域的专利申请覆盖 4 个技术领域（见表 5-23），其研究重点集中在回收设备中的系统研究，在前期处理和工艺过程方面分别有 2 件专利申请，而且技术较为分散，暂未形成一定的体系。在物质回收方面，主要关注电芯回收的方法。

表 5-23　佳纳能源锂电池回收专利技术分支

技术类别	专利数量	技术分类	专利数量
工艺过程	2	湿法冶金	1
		修复再生	1
回收设备	6	拆卸	1
		系统	5
物质回收	1	电芯回收	1

续表

技术类别	专利数量	技术分类	专利数量
前期处理	2	分离方法	1
		预处理	1

5.7.4　锂电池回收专利技术特点分析

本小节将佳纳能源锂电池回收技术中的系统分支作为重点内容进行分析（见表5-24）。例如实用新型专利 CN201820673786.7 一种锂离子电池回收备料系统，被引证 3 次。该实用新型公开了一种锂离子电池回收备料系统，包括锂离子电池粉碎机、第一螺旋输送机、回转炉、第二螺旋输送机、集料筒、吸料风机、喷淋系统和烟气处理塔。该实用新型的锂离子电池回收备料系统采用粉碎—煅烧—灌装的全自动化备料，相对于输送带式结构，布局更为紧凑，通过在螺旋输送机的输送管道上设置散热套管，实现了高温处理后的锂离子电池粉料的快速降温，提高了备料的效率，然后通过烟气处理塔，实现了烟气中有害气体的溶解回收，尤其是能回收烟气中的石墨，便于进一步的回收再利用。

表 5-24　佳纳能源锂电池回收技术中系统方面的相关专利

序号	专利号	专利名称	技术要点	技术效果
1	CN201820673740.5	一种废旧锂离子电池粉末煅烧筛分回收系统	煅烧筛分回收系统	该系统提高了整个系统工作的连续性，通过吸料风机泵入旋风分离器，进一步去除金属碎片等大颗粒粉体
2	CN201820673786.7	一种锂离子电池回收备料系统	回收备料系统	该系统实现了高温处理后的锂离子电池粉料的快速降温，提高了备料的效率，然后通过烟气处理塔，实现了烟气中有害气体的溶解回收，尤其是能回收烟气中的石墨，便于进一步的回收再利用
3	CN201820673818.3	一种锂离子电池有价金属回收系统	有价金属回收系统	该系统提高了备料的效率，通过氢氧化钠反应釜、铜萃取反应釜和钴萃取反应釜实现了铜和钴的回收再利用，回收方式简单高效，降低了回收的成本，便于推广应用

续表

序号	专利号	专利名称	技术要点	技术效果
4	CN201820673948.7	一种用于锂离子电池化学萃取回收的连续生产系统	化学萃取回收的连续生产系统	该系统实现了铜、钴的回收再利用，回收方式简单高效，回收电池的成本较低，便于推广应用
5	CN201820674101.0	一种废旧锂离子电池粉碎煅烧装置	粉碎煅烧装置	该装置实现了废旧锂离子电池金属回收的备料工序，该装置粉碎效果优良，灌装均匀，煅烧充分

第6章

青海省锂电池回收专利分析

锂电池回收创新主体一般包括高等院校、科研院所、科协、民间组织、各类锂电池相关的企业。虽然青海省在这些方面并不占据优势，但是近些年还是在锂电池回收方面取得了一些突出的成就。

青海省政府立足盐湖资源优势，高度重视锂电池产业链新工艺、新技术及前瞻性技术的研发和应用。近年来，相继出台了多项政策，鼓励锂电池回收技术的研发和应用。2019 年年初，青海省人民政府副省长、党组成员王黎明做了主题演讲，其中有涉及加快锂电池的回收和再利用体系建设的内容，从战略高度布局锂动力电池回收和再利用体系。2022 年，《青海省"十四五"科技创新规划》中有涉及锂资源开发与产品制备的内容，提出开发与提升废旧锂电池回收再利用关键技术与工艺，支撑锂产业基地建设。2022 年，《青海省"十四五"能源发展规划》中有涉及持续壮大清洁能源产业，扩展全生命周期循环利用新模式，培育退役风机、光伏电池板、废旧锂电池回收产业链的内容。《2022 年青海省招商引资项目册》中有锂电池梯次利用及资源化回收项目。

6.1 青海省锂电池回收专利态势分析

截至公开日 2022 年 9 月 13 日，青海省锂电池回收领域共公开专利 12 件，图 6-1 所示为青海省锂电池回收专利申请量趋势。2018 年开始有专利申请，且申请量最多；随后虽然一直有专利申请，但是数量很少。由于发明专利自申请日起一般需要 18 个月才能予以公开，故某些年份的申请数据不完整，不能反映当年的专利申请状况。从专利申请趋势可以看出，青海省锂电池回收技术的研发趋势与国内该技术的发展趋势基本一致。青海省响应国家科研总体布局规划，从资源提取利用逐渐向回收利用的研究方向扩展。

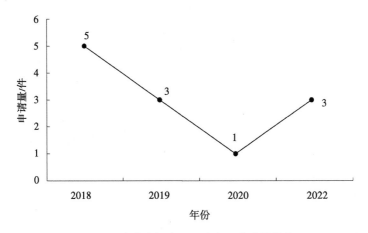

图 6-1　青海省锂电池回收专利申请量趋势

注：2021 年无专利申请。

图 6-2 所示为青海省锂电池回收专利法律状态。该领域有 12 件专利申请，全部为发明专利，其中有效专利 7 件，审中专利 4 件，无效专利 1 件。由此可见，青海省在该领域虽然专利数量不多，但是全部为发明专利，而且授权率较高，说明技术具有一定的创新性，专利价值较高。

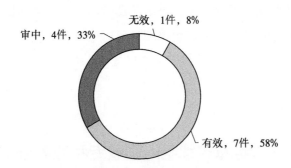

图 6-2　青海省锂电池回收专利法律状态

注：由于四舍五入计算，图中数据百分数之和不为 100%。

对青海省 12 件专利进行专利权人分析，其中 11 件专利由中国科学院青海盐湖研究所申请，1 件专利为个人申请，权利人为赵久霞。暂无企业专利权利人申请，无与外省企业或研究机构合作专利申请，亦无专利运营等事宜。

中国科学院青海盐湖研究所拥有盐湖资源化学实验室，根据国家盐湖科技战略需要，运用化学和材料科学的基础理论，针对科学有效利用盐湖资源及伴生矿产资源的关键共性科学问题，开展无机化学、物理化学、应用化学、材料科学等学科交叉、综合的基础研究和应用基础研究，建立、发展和完善盐湖资源和化学研究的基本理论和研究方法，主要研究方向包括盐湖溶液化学与相平衡、盐湖资源高效分离技术、盐湖及关联矿产资源材料科学与工程等。主要以热力学、动力学和电解质溶液理论为基础，构建富锂、富硼、高镁复杂多组分盐湖卤水体系多温热力学动态模型，与计算机技术相结合实现对盐湖物理化学动态变化过程的模拟及盐湖演化趋势预测。开展太阳能技术在新型高效盐田卤水分离中的科学问题研究、膜分离技术过程中离子的行为规律与数学模拟、分离效率在萃取过程中的变化规律研究、吸附技术在低品位盐湖资源提取中的规律研究和应用技术研究，以及中高温储能材料在盐湖钠、钾、镁等资源高值化利用中的基础理论和产业化研究。开展新型分离材料、新型能源材料、轻质结构合金材料、工业固体废弃物资源化材料盐湖资源高效分离科学与技术研究。

随着锂电池产业化应用进程的推进，锂电池的报废与回收问题逐渐成为科研领域面对的重点问题，近年来，实验室的研究方向倾向于锂电池的回收与再利用，也是对资源环境的深度挖掘和保护。

6.2　青海省锂电池回收主要创新主体分析

6.2.1　国家政策与科技创新

盐湖资源是青海省的第一大资源，也是我国的战略性资源。2021年3月，民盟中央提出《关于促进我国盐湖产业发展的提案》，2021年8月工业和信息化部给出答复，提出将钾、硼、锂等盐湖资源综合开发利用列为鼓励类，积极引导企业加大投入，开展资源综合开发利用。同时计划推进项目建设，开展"青海盐湖可持续发展问题研究"，继续会同有关部门进一步加强盐湖资源高效开发、综合利用等科技支撑工作，推进盐湖产业绿色转型升级。

2021年5月20日，青海省人民政府在北京组织召开《建设世界级盐湖产业基地规划及行动方案》国内专家评审会，明确制定了盐湖产业高质量发展总体思路，包括构建世界级现代盐湖产业体系、建设盐湖国家重点实验室及锂产品扩规模提品质工程等。该方案的出台和落地为日后盐湖提锂产业的发展提供环境与政策上的支持，青藏地区的盐湖资源有望迎来大开发。

2021年年底，青海省人民政府、工业和信息化部联合印发《青海建设世界级盐湖产业基地行动方案（2021—2035年）》，进一步明确了《建设世界级盐湖产业基地规划及行动方案》各项具体措施和实施计划。

2022年1月，青海省科技厅为深入贯彻落实《青海建设世界级盐湖产业基地行动方案（2021—2035年）》，编制印发《科技引领和支撑世界级盐湖产业基地行动方案（2022—2035年）》。

以上政策上的优势为青海省锂电池相关产业的发展指明了方向。青海省锂矿产资源较为丰富，在电池的原料开采、加工和制造环节具有一定优势；但受人口数量、教育水平、地理位置、气候和经济发展条件的影响，总体来说锂电池消费总量较低，也存在因地广人稀导致锂电池回收的难度较大、经济效益不显著等问题，锂电池回收企业在规模和数量上远低于东部沿海地区。在创新主体和创新能力方面同样因为存在上述问题而动力不足。但近些年在国家各项环保和支持锂电池可持续发展的配套政策的引导下，省内的相关企业和科研团队在锂电池回收方面也取得了一些成绩。下文主要对各创新主体和政府政策在其中发挥的重要作用进行梳理，并对青海省锂电池产业未来可能的发展趋势进行简要分析。

6.2.2 创新主体分析

当前比亚迪、快驴、华信环保等公司均在青海省设有锂电池回收生产线。这些企业出于经济效益的考虑，主要采取较为成熟的处理工艺进行生产。其中，比亚迪公司由于长期致力于锂电池的研发和生产，因此锂电池全产业链相关工艺都较为成熟。有分析认为，未来该公司的研发若在锂电池回收工艺上取得突破，可能会将回收工艺业务推广至旗下的子公司。宁德时代作为全球电池生产的龙头企业同样在青海省设有分公司，将来出于战略布局的需要可能在青海省增加锂电池回收生产线。其他公司则受研发经费和研发能力不足的影响，较为可能采取的措施是引进相关人才或与相关高等院校或科研院所进行合作从而促进技术的更新迭代。由于青海省拥有丰富的锂资源，且在新能源汽车领域有很多优惠政策，随着锂电池报废量的不断增加，也将吸引更多从事锂电池回收的企业入驻青海省，为锂电池回收产业的创新发展注入新的活力。

2014 年，青海大学成立了新能源光伏产业研究中心，该中心主要围绕青海省新能源和光伏产业的关键性技术难题，致力于为省内光伏产业的健康发展提供先进技术和科学决策的依据。同时，青海师范大学和青海民族大学也有课题组针对电池材料及锂电池的回收开展了系列研究。高等院校的这些基础性研究是促进青海省锂电池回收技术创新的重要力量。

中国科学院青海盐湖研究所长期致力于盐湖资源的综合利用与盐湖资源开发，在盐湖提钾、提锂工艺设计和改良方面做出了卓越贡献。近年来，出于全产业链发展的需要，有课题组从原来的盐湖资源提取，转型为相关产业的配套研究。2022 年，王敏老师的课题组在废旧锂离子电池精准分选与短流程再生技术方面有重要的技术突破，并建成了 500 t/年废旧锂离子电池资源化回收中试线。中国科学院青海盐湖研究所在其发展规划中指出，下一步将组建盐湖资源绿色高值利用国家重点实验室，而锂电池回收也是其规划中一个重要的研究方向。未来，该所将成为青海省锂电池回收技术创新的重要引擎。

相信有加快建设世界级盐湖产业基地政策的引导，青海省锂电池产业的可持续发展将更加稳健，与之相关的锂电池回收也将迎来属于它的发展机遇和挑战。能否在时代背景利好的情况下取得锂电池回收关键技术上的突破，在该领域实现科技自立自强，需要每个创新主体和每位科技工作者用自己的实际行动来做答。

6.2.3　青海省锂盐材料主要企业及经营情况

新能源汽车行业的兴起与巨大的锂电池需求使得原有的矿石提锂产能出现供锂不足，近年来，很多企业将目光投向从盐湖中提锂。青海省拥有丰富的盐湖资源，在青海省设立提锂生产线便是不少企业的直接选择，主要有以下企业。

1. 青海泰丰先行锂能科技有限公司（西宁市）

青海泰丰先行锂能科技有限公司成立于 2010 年 1 月，北大先行科技产业有限公司持股 73.86%。2015—2018 年，累计实现产品销售收入 762200 万元，2018 年营业收入总额为 30 亿元。

2018 年 3 月，青海泰丰先行锂能科技有限公司年产 3000 t 电池级碳酸锂项目环境影响评价第二次公示。

2. 青海科达锂业有限公司（西宁市）

青海科达锂业有限公司成立于 2009 年 11 月，广东科达洁能股份有限公司持股 100%。

2017 年 10 月，广东科达洁能股份有限公司发布公告，其全资子公司青海科达锂业有限公司拟以自有资金 3.5564 亿元受让芜湖基石股权投资基金（有限合伙）持有的青海盐湖佛照蓝科锂业股份有限公司 10.78% 的股份，以 1.9378 亿元受让芜湖领航基石创业投资合伙企业（有限合伙）持有的青海盐湖佛照蓝科锂业股份有限公司 5.87% 的股份。青海科达锂业有限公司与芜湖基石股权投资基金（有限合伙）及芜湖领航基石创业投资合伙企业（有限合伙）签署了《股份转让协议》。截至 2019 年年底，青海科达锂业有限公司持有青海盐湖佛照蓝科锂业股份有限公司 37.80% 的股份，成为第二大股东。

3. 青海盐湖佛照蓝科锂业股份有限公司（海西州格尔木市）

青海盐湖佛照蓝科锂业股份有限公司成立于 2007 年 3 月，其前身为青海盐湖蓝科锂业有限公司，主营业务为从青海省察尔汗盐湖卤水中提取碳酸锂并销售。

针对察尔汗盐湖锂含量低的问题，该公司使用吸附法进行提锂。通过吸附剂对锂进行吸附，然后把锂洗出来，再通过电渗析法进一步处理。这种吸附法工艺并不复杂，且回收率较高，对环境无污染，属于环境友好型。但吸附剂的溶损率较大，耗水耗能严重是该工艺的缺陷。

2010 年，该公司通过引入俄罗斯院士团队的吸附剂技术，实现卤水提锂技术的突破，并具备扩大量产的基础和潜力。作为该项技术专利提供方的青海佛照锂能源开发有限公司和青海威力新能源材料有限公司分别以技术入股青海盐湖佛照蓝科锂业股份有限公司，并通过后续增资分别取得其 16.91% 和 10.78% 的股份。

4. 青海盐湖比亚迪资源开发有限公司（海西州格尔木市）

青海盐湖比亚迪资源开发有限公司成立于 2017 年 1 月。2017 年 3 月 15 日，比亚迪股份有限公司与青海盐湖工业股份有限公司发布公告称，青海盐湖比亚迪资源开发有限公司的注册资本金人民币 5 亿元由各股东以现金方式出资到位，其中比亚迪股份有限公司持有 49% 的股份，青海盐湖工业股份有限公司持股 49.5%。比亚迪股份有限公司表示该公司在盐湖提锂吸附剂制备技术上取得重大突破，掌握了从盐湖卤水中提锂的锂吸附剂的制备技术，该科研突破是盐湖商业化提锂的关键。新合资公司生产产品所需的盐湖锂资源，为青海盐湖工业股份有限公司利用察尔汗盐湖生产钾肥产生的尾矿，青海盐湖工业股份有限公司确保盐湖锂资源仅供给新合资公司。

5. 格尔木藏格锂业有限公司（海西州格尔木市）

格尔木藏格锂业有限公司成立于 2017 年 9 月，为格尔木藏格钾肥有限公司下属的全资子公司，注册资金 5 亿元，主要从事电池级碳酸锂的生产、销售和技术咨询。

6. 青海中农贤丰锂业股份有限公司（海西州茫崖市）

青海中农贤丰锂业股份有限公司成立于 2018 年 4 月，是由中华全国供销合作总社直属企业中国农业生产资料集团公司、中农集团控股股份有限公司及茫崖兴元钾肥有限责任公司合资成立的子公司。注册资金 2 亿元人民币，主要营业范围是碳酸锂的生产与销售。

7. 青海东台吉乃尔锂资源股份有限公司（海西州格尔木市）

青海东台吉乃尔锂资源股份有限公司成立于 2015 年 6 月，由西部矿业集团有限公司、北大先行科技产业有限公司、青海泰丰先行锂能科技有限公司、青海中信国安技术发展有限公司、青海省政府国有资产监督管理委员会共同组建。青海泰丰先行锂能科技有限公司控股 49.50%。该公司以开发青海盐湖资源综合利用为主，主要生产销售锂盐、硼酸盐、镁盐、硫酸钾镁肥、硼酸、碳酸锂、氯化钾肥、硫酸钾肥、开发锂电池功能材料和锂离子电池。该公司自 2016 年 9 月起依法持有青海省格尔木市东台吉乃尔湖锂硼钾矿床矿业权。

8. 青海锂业有限公司（海西州格尔木市）

青海锂业有限公司成立于 1998 年。青海东台吉乃尔锂资源股份有限公司持有 74.54% 的股份，青海省地矿集团有限公司持有 23.08% 的股份，青海中科盐湖科技创新有限公司持有 2.38% 的股份。青海锂业有限公司利用盐湖卤水提取锂资源，生产电池级碳酸锂。该公司在一期 3000 t 碳酸锂项目的基础上，开展了二期 1.7 万 t 碳酸锂项目。随着二期 7000 t 产能的建成，青海锂业有限公司形成了 10000 t 碳酸锂的整体产能。青海锂业有限公司设计产能 10000 t，已完成生产工艺。但由于中信集团与西部矿业集团关于东台吉乃尔湖卤水资源所有权的纠纷尚未解决，该公司一直面临资源不足、无法全面投产的局面。

9. 青海中信国安科技发展有限公司（海西州格尔木市）

青海中信国安科技发展有限公司成立于 2003 年 3 月，原来由中信国安信息产业有限公司直接控股，后来转让给中信国安实业集团有限公司（100% 持股）。由于煅烧工艺在生产过程中产生大量盐酸，对设备腐蚀严重，污染环境，故于 2011—2015 年关停。2014—2015 年煅烧法技术取得突破，青海中信国安科技发展有限公司于 2016 年开始复产，2016 年碳酸锂产量达 2200 t。该公司受生产方式的限制，产品纯度保持在工业水平，杂质含量较高。煅烧法在产能规模上的瓶颈限制了产量增长。

10. 青海中信国安锂业发展有限公司（海西州格尔木市）

青海中信国安锂业发展有限公司成立于 2017 年 5 月，青海中信国安科技发展有限公司 100% 持股。2017 年 6 月，青海中信国安科技发展有限公司将与硫酸钾、氯化钾、碳酸锂、硼酸及氧化镁业务相关的资产、债务、业务资源及人员以 2017 年 6 月 30 日为划转基准日确定的账面净值划转至青海中信国安锂业发展有限公司。

截至 2018 年年底，该公司西台资源综合开发项目累计投入超过 42 亿元，具备年产 50 万 t 钾肥、1 万 t 电池级碳酸锂、1 万 t 精硼的能力。

11. 金昆仑锂业有限公司（海西州格尔木市）

金昆仑锂业有限公司成立于 2017 年 1 月。大柴旦大华化工有限公司持股 36.66%。该公司已建成 3000 t/年金属锂生产线，其中电池级金属锂产能为 2000 t/年。

12. 西藏和锂锂业有限公司（海西州格尔木市）

西藏和锂锂业有限公司成立于 2015 年 1 月。2021 年 10 月，金圆环保股份有限公司发布公告，其全资子公司金圆新能源开发有限公司与黄良标、余飞及西藏和锂锂业有限公司签署了《合作框架协议》。目标公司股东持有西藏和锂锂业 100% 的股权，并有意向出售其持有目标公司不低于 51% 的股权给金圆新能源开发有限公司。

13. 西藏百步亭锂业有限公司（海西州格尔木市）

西藏百步亭锂业有限公司成立于 2018 年 4 月，百步亭集团有限公司与武汉龙泉山孝恩园有限公司各持股 50%。

14. 西藏容汇锂业科技有限公司（海西州格尔木市）

西藏容汇锂业科技有限公司成立于 2014 年 8 月，江苏容汇通用锂业股份有限公司 100%持股。西藏容汇锂业有限公司原有的 5000 t/年磷酸铁锂工程中有高纯碳酸锂和磷酸铁锂两种产品。

15. 格尔木比亚迪锂电材料有限公司（海西州格尔木市）

格尔木比亚迪锂电材料有限公司成立于 2021 年 1 月，比亚迪股份有限公司 100%持股。经营范围包括非金属矿物制品制造、非金属矿及制品销售、矿产资源（非煤矿山）开采。

16. 中信昆仑锂业（青海）有限公司（海西州格尔木市）

中信昆仑锂业（青海）有限公司成立于 2022 年 2 月，由中信重型机械有限责任公司 100%持股。

17. 五矿盐湖有限公司（海西州茫崖市）

五矿盐湖有限公司成立于 2009 年 9 月，现由五矿有色金属控股有限公司持股 51%，伊犁鸿大基业股权投资合伙企业（有限合伙）持股 49%。五矿盐湖有限公司从事一里坪盐湖资源的综合开发利用。2013 年 9 月 18 日完成矿权办理的相关工作，并正式获得一里坪盐湖锂矿采矿权证。

18. 青海锦泰锂业有限公司（海西州茫崖市）

青海锦泰锂业有限公司成立于 2016 年 5 月，青海锦泰钾肥有限公司 100%持股。

2019 年 7 月，该公司 7000 t/年碳酸锂二期生产线投产，是国内首家集 "萃取+树脂法吸附+膜工艺浓缩" 等的完整碳酸锂生产线工艺。截至 2020 年第一季度末，已完成 2 条 100 t/年碳酸锂生产线的建造并已投产运行产出产品。

19. 青海恒信融锂业科技有限公司（海西州德令哈市）

青海恒信融锂业科技有限公司成立于 2014 年 3 月，位于青海省海西州德令哈市，主要从事以膜技术为核心的锂、钾、硼、镁盐湖资源产品的研发与销售。

2017 年 11 月，青海恒信融锂业科技有限公司成功一次性调试 20000 t/年电池级碳酸锂项目。该项目在西台吉乃尔盐湖历时两年完成，采用企业自主研发的全膜分离提锂工艺，是国内最大的盐湖提取高纯碳酸锂单体生产线。

20. 青海中天硼锂矿业有限公司（海西州大柴旦行政区）

青海中天硼锂矿业有限公司成立于 2001 年 3 月，是一家集硼矿开采、硼酸生产、硼化物深加工、工业盐生产销售为一体的资源型企业。该公司拥有硼酸生产厂房 3 座、机械化开采场地 1 座、大型破碎厂房 1 座，年产硼矿 30 万 t、硼酸产品 2 万 t。

21. 海西索特雷克化工有限公司（海西州大柴旦行政区）

海西索特雷克化工有限公司成立于 2020 年 4 月。2021 年 3 月，海西索特雷克化工有限公司年产 7000 t 硼酸联产 2000 t 碳酸锂项目第二次公示。该项目建设 1 条生产规模为 7000 t/年高纯硼酸生产线和 1 条生产规模为 2000 t/年工业级碳酸锂生产线，以五矿盐湖有限公司和青海中信国安科技发展有限公司提钾后的老卤为原料，生产高纯硼酸及工业级碳酸锂。

22. 金海锂业（青海）有限公司（海西州大柴旦行政区）

金海锂业（青海）有限公司成立于 2021 年 9 月，惠州亿纬锂能股份有限公司持股 80%，金昆仑锂业有限公司持股 20%。该公司拟建设年产 3 万 t 碳酸锂和氢氧化锂项目，其中一期建设年产 1 万 t 碳酸锂和氢氧化锂项目。

23. 青海金纬新材料科技有限公司（海西州大柴旦行政区）

青海金纬新材料科技有限公司成立于 2022 年 3 月，金昆仑锂业有限公司持股 51%，惠州亿纬锂能股份有限公司持股 49%。

24. 冷湖金藏膜新材料有限公司（海西州德令哈市）

冷湖金藏膜新材料有限公司成立于 2017 年 12 月，西安金藏膜环保科技有限公司 100%持股。

6.2.4 青海省生产锂电池产品企业及经营情况

1. 青海时代新能源科技有限公司（西宁市）

青海时代新能源科技有限公司成立于 2012 年 11 月，宁德时代新能源科技股份有限公司持股 60.42%，国开发展基金有限公司持股 39.58%。青海时代新能源项目总投资 75 亿元人民币，占地面积 20 亩，规划 10 年内分三期完成。一期工程年产 1.5 GW·h 电池，整个项目完工后，可年产 5 GW·h 电池以及 5 万 t 锂电池正极材料。

2014 年 1 月 20 日，青海时代新能源科技有限公司动力及储能电池项目一期第一条产能 460 MW·h 生产线正式投产。一期年产 1.56 GW·h 动力及储能锂电池生产项目于 2016 年年底建成投产，2017 年销售收入 14.01 亿元。青海时代新能源科技有限公司主要生产铝壳电池。铝壳电池生产所需的主要原料为青海泰丰先行锂能科技有限公司生产的磷酸亚铁锂。每天 4 t 的磷酸亚铁锂可以生产 2000 个 200 A·h 的铝壳电池，这些电池组装后可以成为动力电池和储能电池的主要部件。

2019 年 2 月 17 日，青海时代新能源科技有限公司三条磷酸铁锂动力及储能电池生产线投产。此前，青海时代新能源已完成二期动力与储能电池项目生产线建设，这三条生产线是二期动力与储能电池项目建设内容之一。达到产能后，该公司年产能可达到 6.5 GW·h。

2. 青海比亚迪锂电池有限公司（西宁市）

青海比亚迪锂电池有限公司成立于 2016 年 7 月，由深圳市比亚迪锂电池有限公司 100% 持股，主营锂离子电池的研发、生产和销售。

2016 年 10 月 29 日，青海比亚迪锂电池有限公司年产 10 GW·h 动力锂电池项目、年产 2 万 t 动力电池材料生产及回收项目分别在西宁（国家级）经济技术开发区南川工业园区和青海省海东工业园区临空综合经济园开工。

2017 年 1 月，青海比亚迪锂电池有限公司年产 12 GW·h 动力锂电池建设项目环评公示。

3. 青海零点新能源科技有限公司（西宁市）

青海零点新能源科技有限公司成立于 2014 年 5 月，2014 年 12 月，该公司年产 1.05 亿 A·h 新型稀土锂离子电池项目环评公示。

4. 青海盈天能源有限公司（海西州德令哈市）

青海盈天能源有限公司成立于 2017 年 3 月。主要从事石墨烯电池、纳米碳电池、燃料电池、铝空气电池管理系统、电池汽车电控集成系统等的研发、检测、生产、销售等。

除以上列举的企业外，青海省还有许多与锂电池相关的正负极材料企业、隔膜企业、电解液企业等。由于与锂盐企业和锂电池产品企业存在重复，故不再进行详细叙述，只在表6-1中对其产能和规模进行简要说明。

表6-1 青海省正负极材料企业、隔膜企业、电解液企业概览

主要产品	代表企业	产品、工艺及产能
电池正极	青海弗迪实业有限公司（海东市）	磷酸铁锂+三元+回收项目 2.7万 t/年的三元镍钴锰电池正极材料，年产2万 t 磷酸铁锂
	青海泰丰先行锂能科技有限公司（西宁市）	磷酸铁锂+三元+钴酸锂 年产4500 t 三元、1500 t 钴酸锂、9600 t 磷酸锂
	青海拓海新材料有限公司（西宁市）	磷酸铁锂 年产2750 t 磷酸铁锂
	西藏容汇锂业科技有限公司（海西州格尔木市）	磷酸铁锂 年产5000 t 磷酸铁锂
	青海聚之源新材料有限公司（海西州德令哈市）	三元锂电池 年产2000 t 高端六氟磷酸锂
电池负极	青海伟毅新型材料有限公司（西宁市）	年产4000 t（人造）锂电池负极材料及3000 t 高纯石墨
	青海凯金新能源材料有限公司（西宁市）	（人造）锂离子电池负极材料
	青海宝盈碳材料科技有限公司（西宁市）	（碳化加工）锂离子电池负极材料
	化隆县永盛新材料有限公司（海东市）	年产1万 t（人造）锂离子电池负极材料
	海东市贵强新材料有限公司（海东市）	年产1万 t（人造）锂离子电池负极材料
	青海欣昌新材料科技有限公司（海东市）	年产3万 t（人造）锂离子电池负极材料
电池电解液	青海弗迪锂能科技有限公司（西宁市）	六氟磷酸锂、氟化锂 规模为7000 t/年六氟磷酸锂、1200 t/年氟化锂
	青海航天新能源科技有限公司（西宁市）	年产3000 t 动力锂离子电池电解液
	青海聚之源新材料有限公司（海西州德令哈市）	六氟磷酸锂 年产8000 t 高端六氟磷酸锂
电池隔膜	青海北捷新材料科技有限公司（西宁市）	湿法+涂覆工艺 年产4亿 m^2 动力及储能锂电池隔膜

6.3　青海省锂电池回收专利技术分析

6.3.1　青海省专利目标国家/地区分析

从青海省申请专利的目标国家/地区的情况来看，青海省主要技术关注点在中国，专利都在中国布局，暂无国外的同族专利，这说明青海省尚未集中力量对国外的目标市场进行布局。随着投资力度的加大和生产基地的增多，青海省政府应逐渐开展海外专利布局的研讨，与锂电池回收企业合作，帮助企业开展海外专利布局工作，在重要的海外市场可加强专利布局。

6.3.2　青海省专利类型分析

青海省的专利类型以发明专利为主，已申请的 12 件专利均为发明专利。暂未开展对锂电池回收的设备及生产过程中涉及的工具进行申请，这是因为青海省前期主要是基于盐湖提锂及盐湖资源综合利用等技术延续下来而开展的技术研究，在生产设备及工具的开发和设计上尚无技术积累，需进行必要的研发，才可以进行大量的实用新型专利申请，并及时布局。后续随着锂电池回收技术的研究深入，结合回收工艺或方法，可能会出现回收设备或回收系统等方面的专利。

6.3.3　青海省专利技术特点分析

青海省关于锂电池回收的 12 件专利中，涉及的技术分类如图 6-3 所示。青海省从 2018 年开始申请锂电池回收技术的专利，重点为物质回收技术；工艺过程技术在 2019 年有专利申请，但近年来无新的申请出现；2022 年出现了几个关于前期处理的专利申请，这从侧面反映出青海省锂电池回收技术的重点正由金属元素的回收向锂电池处理的前期技术延伸，也可表明今后一段时期内锂电池回收技术的重点研究方向；关于回收设备的专利很少，仅在 2020 年提出了 1 件专利申请，由此可以看出，青海省锂电池回收的研究多集中于实验室阶段，未开展产业化的生产线建设，所有对于设备的研发和改进的方向还没有得到足够的关注；值得注意的是，青海省在锂电池回收综合利用方面并无专利申请，由于综合利用是锂电池回收再利用技术的综合，是未来锂电池回收领域的主要发展方向，后续可以加强此方向的研发。

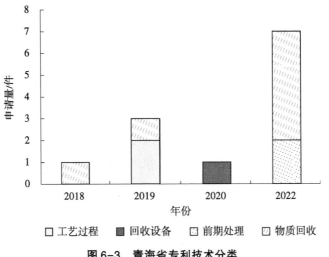

图6-3 青海省专利技术分类

注：2021年无专利申请。

　　青海省在锂电池回收领域的专利申请覆盖锂电池回收的4个技术分支（见表6-2）。其中工艺过程和前期处理分别有2件专利申请，工艺过程关注修复再生技术，前期处理关注锂电池回收后的各物质分离工艺，这也是物质回收的基础；青海省锂电池回收的重点是物质回收，其7件专利技术均集中在电芯回收工艺，基于盐湖资源提取的基础研究，青海省在各种资源提取方面有着雄厚的技术基础，所以该技术方向也成为青海省进入锂电池回收领域的敲门砖；回收设备并不是青海省锂电池回收领域的主要研究方向，这与青海省锂电池回收的产业布局和实际情况相符，相信随着未来锂电池回收厂的建立和生产线的引进，与回收设备相关的技术方向会成为研究重点；青海省在综合利用方面无专利申请，这也是未来锂电池回收领域的重点技术方向，所以可以考虑适当地开展基础性研究，进行铺垫。

表6-2 青海省锂电池回收领域专利技术分支

技术类别	专利数量/件	技术分支	专利数量/件
工艺过程	2	修复再生	2

技术类别	专利数量/件	技术分支	专利数量/件
回收设备	1	系统	1
物质回收	7	电芯回收	7
前期处理	2	分离方法	2

表6-3和表6-4分析了青海省锂电池回收领域不同技术类别下的具体专利技术。可以看出，青海省在废旧锂电池回收领域的专利技术主要集中于：金属的提取（锂、镍、钴）；元素再生利用，包括直接修复；自动拆解与精细化分选。

表6-3　青海省锂电池回收领域物质回收技术专利分析

序号	专利号	专利名称	技术手段	回收物质	技术效果
1	CN201811093693.8	一种从废旧锰酸锂电池中回收锂和锰的方法及系统	膜技术	锂、锰	该发明采用超滤纳滤反渗透联用技术，具有工艺简单环保、酸碱用量少、膜分离效果好且稳定等特点
2	CN201811093703.8	一种从废旧三元锂电池中综合回收有价金属的方法及系统		钴、锂、锰、镍	
3	CN201811093717.X	一种从废旧钴酸锂电池中回收锂和钴的方法及系统		钴、锂	
4	CN201811093719.9	一种从废旧磷酸铁锂电池中回收锂的方法及系统		锂、铁	
5	CN201811093635.5	一种逆向制备铝掺杂三元前驱体的方法及系统		锂	该发明采用超滤纳滤反渗透联用技术，利用酸化浸出液中含有的微量铝元素，直接沉淀合成铝掺杂三元前驱体，具有工艺简单环保、有价元素综合回收利用等特点
6	CN201910728521.1	一种制备镍钴锰三元前驱体的方法、系统及应用		锂	该发明利用低锂富镍钴锰溶液直接共沉淀法制备三元前驱体，避免了原有的镍、钴、锰硫酸盐的精制提纯以及锂的去除等烦琐的工艺步骤，实现短流程再生制备三元前驱体，工艺简单、绿色环保

续表

序号	专利号	专利名称	技术手段	回收物质	技术效果
7	CN202210070763.8	废旧锂离子电池负极中的石墨与铜箔高效分离回收方法	超声+清洗	铜、石墨	该发明所提供的废旧锂离子电池负极中的石墨与铜箔高效分离回收方法分离效率高,可达99%以上;不使用酸碱及有机溶剂,安全环保,在较高的液固比条件下能高效率分离石墨与铜箔,且工艺流程简单,成本较低

表6-4　青海省锂电池回收领域工艺过程技术专利分析

序号	专利号	专利名称	技术手段	技术效果
1	CN201910547915.7	从边角废料和次品中回收制备复合正极材料的方法及系统	对废品、不良品进行分类破碎,得到正极片;将所得到的正极片中的胶黏剂去除,再将所得到的正极片经冷淬、干燥、筛选分离,再进行焙烧处理,得到正极粉;将含有正极粉、锂盐和涂层原料的混合物进行球磨烧结处理,得到修复后的复合正极材料	该发明专利技术通过干分离优先剥离正极粉末和箔片,该过程为物理过程,绿色环保;然后对阴极粉末进行焙烧去除碳粉和有机物,再进行改性烧结得到修复后的复合阴极粉末,可直接用于电池生产。该发明专利技术工艺流程简单,回收率高,产品一致性好,性能稳定,应用潜力大
2	CN201910547932.0	一种从废旧锂电池中回收正极并再生修复的方法及系统	回收废旧锂三元电池电解液;将所得到的正、负极片中的黏结剂去除,然后将正极片经冷淬、磁选、筛选分离,再进行焙烧处理,得到正极粉体;将含有正极粉、锂盐和涂层原料的混合物研磨烧结,得到用于修复的复合正极材料	该发明对锂电池的所有部件进行分类和回收,优先回收电解液,准确拆卸和分离正极和负极材料,严格筛选工艺条件,使金属碎片和正极粉末完全分离,然后结合先进的改性技术。工艺流程基本上是干式回收流程。避免了传统湿法冶金回收过程中酸碱浸出和萃取回收造成的二次污染等问题。回收的正极材料可直接用于锂电池的生产

针对锂电池回收行业缺乏专用设备、回收工艺冗长、"三废"排放强度大等行业共性问题,中国科学院青海盐湖研究所研究团队根据锂电池的组成和电芯结构特点,研

发了废旧锂电池精准分选与短流程再生技术，参与制定了废旧锂电池回收标准 8 项，其中国际标准 1 项、行业标准 2 项、团体标准 5 项，并建成了 500 t/年废旧锂电池资源化回收中试线。该研究团队在项目实施过程中将膜分离技术应用于酸浸液提锂，优化提锂工艺，回收制备的碳酸锂主含量达到 99.69%；有价金属元素再生利用阶段将分离过程与再生工艺相耦合，经离子调控直接制备三元前驱体并合成正极材料，经测试其电化学性能与纯新材料相媲美，大大缩短了再生工艺流程，为废旧锂电池的绿色高效回收利用提供了新途径。项目开发的废旧锂电池资源化回收技术，有望解决当下大量废旧锂电池退役带来的环境压力。从电池拆解—物流归集—再生利用的系统流程中采用绿色环保的物理分离工艺，减少化学试剂的使用，避免回收过程中对环境造成二次污染。实现了废旧电池有价金属综合回收利用，最大限度地发挥了废旧电池的资源属性，对发展循环经济具有重要意义。

6.4　青海省与国内重点省市技术发展的对比研究

根据技术来源地区进行 IPC 主分类号对比分析，此处暂不包含外籍专利申请人在华申请专利数据。如表 6-5 所示，对专利申请量排名前 10 位的地区与青海省进行对比分析，可以看出，全国主要地区的专利申请均集中于 H01M10/54（废蓄电池有用部件的再生）；另外各地区在 C01G53/00（镍的化合物）方面也有少量的专利申请，这与电池回收中金属镍提取有关；安徽省和青海省在 C22B3/00（用湿法从矿石或精矿中提取金属化合物）方面各有 1 件专利申请，与其他地区在此领域的专利布局略有不同。

表 6-5　各地区 IPC 主分类号专利申请量分析　　　　（单位：件）

地区	C22B3/00	C01G53/00	H01M10/54
广东省	0	5	294
北京市	0	4	156
湖南省	0	7	152
江苏省	0	3	133
安徽省	1	1	132
河南省	0	1	88
浙江省	0	2	85
湖北省	0	1	81

续表

地区	C22B3/00	C01G53/00	H01M10/54
江西省	0	0	80
上海市	0	1	70
青海省	2	1	9

由于各地区专利技术趋势基本一致，在此选取技术、产业和专利申请量具有一定优势的广东省、北京市、湖南省、江苏省和安徽省与青海省进行对比。如图6-4所示，广东省在回收设备和物质回收技术领域占据绝对优势的地位，在锂电池回收领域的产业化发展较快，与其全省锂电池的产业化发展布局相适应，其电池回收产业开始较早，在回收过程中设备的改进与创新、金属元素或可用电极的回收与再利用等方面，有着很深的技术基础；广东省在工艺过程技术分类上也有一定的领先优势，这也和产业化的发展密切相关。湖南省在综合利用方面在全国排名较为靠前，其综合利用技术领域的专利数量最多，已构成一定程度的专利基础，从锂电池回收领域整个发展趋势来看，未来综合利用领域必将成为其主要的发展方向，所以湖南省在此领域的领先地位需重点关注。北京市、江苏省和安徽省在各技术领域的专利分布与其总体专利申请趋势一致。青海省的专利技术特点比较明显，仅在物质回收领域有很小程度的技术积累，在其他领域并无大量的专利申请，所以未来青海省应利用现有技术基础，扩大技术优势，同时多渠道扩宽技术类别，争取在锂电池回收技术领域占有一定的地位。

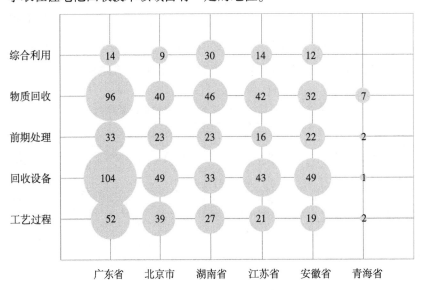

图6-4　主要地区技术主题分析

第7章
Chapter 7

青海省锂电池回收产业发展路径与建议

7.1 我国锂电池回收产业现状

7.1.1 产业现状及问题

因锂电池大规模应用的时间较晚,前期锂电池报废数量较少,锂电池回收行业仍处于起步阶段。2021 年,我国锂电池理论回收量达 59.7 万 t,而实际回收量为 23.6 万 t,实际回收量仅占 39.5%。随着我国新能源汽车市场规模的壮大,动力电池装机规模逐年提升,同时锂电池在电动工具、3C 电子、电动两轮车等领域的应用也不断推动锂电池出货量的攀升,而随着这些电池接近使用寿命,未来锂电池报废量也将进一步增加。

在政策及市场的双重推动下,动力电池回收市场的经济价值逐渐凸显,截至 2021 年年底,我国废旧动力锂电池回收行业市场规模约为 165 亿元,同比增长 65%。

近年来,在新能源汽车产业和国家扶持政策的推动下,新能源汽车动力电池回收体系建设取得了一定进展。然而,由于动力电池回收技术不成熟、回收网络不完善、支撑体系不完善、商业模式创新不足,我国动力电池回收体系还不够成熟,回收成本高、效率低等问题凸显。

1. 产业化技术不成熟

在产业化的关键技术方面，动力电池回收前端急需解决的动力电池报废标准及检测技术、逐步利用电池残值评估技术、单体电池自动拆解技术、物料分拣技术等均缺失。在动力电池回收技术方面，部分动力电池回收企业采用人工拆卸技术和传统回收技术，存在因拆卸和回收不良引起的环保和安全问题。在动力电池回收设备方面，由于成本较高、设备不规范，无法大规模生产。

2. 回收网络不完善

回收网络是动力电池回收系统的主要组成部分。由于动力电池回收企业数量少，参与主体少，回收渠道不完善，所以我国的动力电池回收网络并不完善。首先，动力电池回收企业很少。虽然国内已经形成了一些专业的动力电池回收企业，如广东邦普、深圳绿地、赣丰锂业等，但数量相对较少。在级联利用方面，国家电网有限公司（以下简称"国家电网"）、中国电器科学研究院等机构已积极推动动力电池级联利用，但技术还不够成熟，大规模推广还需要时间。其次，动力电池回收渠道不畅通。随着动力电池大规模报废期的临近，越来越多的新进入者开始安排动力电池回收。但由于动力电池回收龙头企业的不确定性，以及地方政府、国家电网和公共交通企业对废旧动力电池资源的政策不同，造成动力电池回收企业与新进入企业之间没有协同作用，从而导致动力电池回收渠道不完善也不畅通。

3. 支撑体系不健全

现阶段动力电池回收的支持体系还不够健全。这不仅体现在动力电池回收企业相关管理规范和标准体系不完善，还体现在动力蓄电池回收技术研发、财税优惠等扶持政策不健全。由于动力电池回收企业的管理规范尚未完善，行业管理混乱，一些不规范的小作坊承担起了回收主体的角色。由于这些小作坊不具备相关资质，因此存在常见的安全风险和环境风险。

在动力电池回收的一些核心环节，管理规范和配套政策的缺失严重制约了回收。例如，退役动力电池的储运缺乏必要的规范，易因储运不规范造成环境问题和安全隐患；动力电池回收产业化技术研发，特别是一些急需的关键共性技术研发缺乏必要的支撑。此外，对动力电池回收企业也缺乏必要的财税激励，这也导致一些残值低或没有残值的动力电池得不到回收。

4. 商业模式创新匮乏

随着动力电池回收问题越来越紧迫，一些新能源汽车企业、动力电池企业、报废汽车拆解企业、电池材料企业都表示愿意参与动力电池回收。这些企业虽然拥有一定的资源，但由于缺乏商业模式创新，无法形成清晰的商业模式，难以启动可持续的动力电池回收模式。此外，由于低速电动汽车、电动自行车、储能等领域的市场尚未完全开放，新能源汽车企业和动力电池企业尚未向动力电池回收企业开放电池管理系统数据，因此难以实现商业模式创新所需的资源整合和跨界协同。

5. 回收利用效率低

不健全的回收系统是回收效率低的主要原因。具体而言，影响动力电池回收效率的因素如下：首先，动力电池种类繁多，动力电池拆解过程差异很大，动力电池评估、拆解和分离技术还不成熟，这导致我国动力电池回收前端效率低下。其次，由于动力电池回收的商业模式不成熟，动力电池回收企业难以获得新能源汽车企业和动力电池企业掌握的资源，难以与储能等领域形成跨界合作。最后，消费者和相关企业的积极性不高，导致动力电池回收效率低下。

6. 回收利用不经济

由于回收效率低，回收技术不成熟，缺乏规模，动力电池回收的经济效益不理想现象在我国普遍存在。首先，动力电池回收过程烦琐，回收成本高。由于动力电池品种繁多导致拆卸和分拣困难，拆卸和回收工艺复杂，二次成组设计和加工成本明显增加。其次，动力电池回收技术不成熟也是造成回收不经济的重要原因。例如，采用传统技术的动力电池回收企业在回收处理 1 t 废旧磷酸铁锂动力电池时，将损失 430 元。最后，动力电池回收尚未形成规模效应。国内新能源汽车动力电池的报废回收尚未大规模爆发，动力电池回收量较少，导致动力电池回收企业规模不大。

7. 回收利用存在安全隐患

新能源汽车动力电池体积大，能量密度高，相应的动力电池回收过程漫长而复杂。在动力电池回收体系不完善的情况下，很容易存在安全隐患。例如，由于对废旧动力电池的评价和分拣技术不成熟，无法保证动力电池单体的一致性，导致用于梯次利用的退役动力电池在反复充放电过程中容易短路过热，引起电解质燃烧甚至爆炸起火。

此外，由于废旧动力电池状态不稳定，如果在运输过程中没有妥善密封和安全处置，还可能引起短路、火灾，甚至爆炸，这些也是导致电池回收利用率低的重要因素。

8. 回收利用具有环境风险

动力电池回收利用体系不完善，也容易造成生态环境风险。例如，一些退役动力电池消费品进入市场，离开了相对严格的动力电池监管体系，无法有效回收。更重要的是，六氟磷酸锂作为动力电池电解液具有极强的腐蚀性，且遇水分解为 HF 等剧毒气体。如果随意丢弃，会造成严重的污染。很多传统的报废汽车拆解企业都承担了废旧动力电池的拆解工作，但由于没有专业的动力电池存放场所，管理手段也比较粗放，其存放场所往往设计为存放一般汽车拆解件，拆解后的产品随意堆放，存在很大的环境风险。

7.1.2 技术特点

废旧锂电池拆解回收工艺见表 7-1。

表 7-1　废旧锂电池拆解回收工艺

分类	工艺细节	工艺特点
物理法	高温热解法：通过高温焚烧分解胶黏剂，将材料分离，将金属氧化再还原生成贵金属和氧化锂，并在高温下形成蒸气挥发，通过冷凝实现分离和收集	产物单一，能耗较高，且会产生一定的工业废气，回收率较低
化学法	化学沉淀：贵金属元素通过选择性溶解和沉淀分离得到；离子交换：先溶解，再利用离子交换树脂对待收集的金属离子配合物吸附系数的差异，实现金属分离萃取；溶剂萃取：用一些有机试剂与待分离的金属离子形成络合物，并逐渐分离	成本较高、工艺复杂，但回收率很高，且污染较低
生物法	生物浸出：利用微生物将体系中的有用成分转化为可溶化合物，并选择性溶解，实现目标金属和杂质的分离	尚处于起步阶段，菌种培养、浸出条件复杂，但成本低、回收率高，污染小，潜力大

7.1.3 行业竞争格局

锂电池产业链上下游企业积极布局电池回收利用业务（见表 7-2）。例如，浙江华

友钴业股份有限公司（以下简称"华友钴业"）积极布局锂电池回收业务，成立了浙
江华友循环科技有限公司、衢州华友资源再生科技有限公司；2020 年，赣锋锂业入选
工业和信息化部《新能源汽车废旧动力蓄电池综合利用行业规范条件（2019 年本）》
第二批名录。

表 7-2　相关企业锂电池回收布局情况

公司	基本情况
赣锋锂业	于 2020 年入选工业和信息化部《新能源汽车废旧动力蓄电池综合利用行业规范条件（2019 年本）》第二批名单，其退役锂电池拆解及金属综合回收项目已形成 3.4 万 t 的回收处理能力
华友钴业	积极布局锂电池循环回收业务，成立了浙江华友循环科技有限公司和衢州华友资源再生科技有限公司，年处理废旧电池料产能为 6.5 万 t
格林美	2003 年启动废电池回收业务，投资建设废旧电池与钴镍钨锗铟稀有金属废物完整回收产业链，计划到 2025 年，动力电池回收能力超 25 万 t/年
宁德时代	已在湖北省宜昌市投资建设一体化电池材料产业园项目，涉及废旧电池材料回收等功能，项目投资总金额不超过 320 亿元人民币
特斯拉	在其官网推出了电池回收服务，提醒客户不得随意处置其所购买的特斯拉车辆上的任何动力电池，从而 100% 实现动力电池的回收利用

2021 年以来，新能源行业呈现高增长势头，带动上游能源金属需求释放，上游资
源企业和回收企业业绩有望向好。从股价表现来看，新能源板块在 2021 年下半年调
整，在 2022 年 4 月触底。随着后续复工复产，锂电池行业开始回暖。主营业务为回收
的企业其反弹幅度明显高于原有资源型企业。另外，由于需求整体疲软，钴价持续下
跌，钴上游股价承压，但回收类企业受此影响有限。

1. 赣锋锂业：多渠道提升关键电池原材料保障能力，为一体化保驾护航

赣锋锂业是锂产业链上游布局最全面的企业，也是从上至下一体化节奏领先的企
业。该公司涉及各类锂资源以及电池回收业务，现有冶炼产能及规划产能位居行业前
列，同时耕耘锂电池业务多年，有良好的技术储备，并且在动力、储能、消费等领域
均有一定规模，有强大的自有资金实力并且能多渠道募资，锂电池一体化蓄势待发。
资源端仍是该公司核心竞争力的来源，同时也是一体化的保障。该公司在原料端布局
了锂辉石、盐湖及锂黏土等多种矿山资源。

该公司电池回收目标明确，巩固关键电池原材料保障能力。通过扩充退役锂电池
回收业务产能及开发退役电池综合回收利用新工艺和新技术，提升了产业化技术水平

和竞争优势。公司希望未来成为全国最大的磷酸铁锂回收企业，废旧电池处理能力名列前茅。

2. 华友钴业：锂电池材料一体化，重点发力电池循环

华友钴业深耕镍钴锂资源，持续保障前驱体产能释放。自2003年起，该公司开始在非洲考察和拓展业务，经过多年的不懈努力，其子公司已在刚果（金）主要矿产区建立了集采矿、选矿、钴铜冶炼于一体的钴铜资源开发体系，有效地保障了国内制造基地的原料供应。

该公司积极布局锂电池循环回收业务，与多家知名整车企业合作梯次利用开发和承接退役电池再生处理，与多家知名电池企业合作以废料换材料的战略合作模式，已与多家国内外整车企业达成退役电池回收再生合作。随着业务的开拓，该公司正在形成从钴镍锂资源开发、绿色冶炼加工、前驱体和正极材料制造到资源循环回收利用的新能源锂电池产业生态。

3. 格林美：发力城市矿山，前驱体产能快速扩张

格林美是"资源有限、循环无限"产业理念的提出者与中国城市矿山开采的先行者。20年来，该公司通过开采城市矿山与发展新能源材料，建立资源循环模式和清洁能源材料模式来践行推进碳达峰、碳中和目标。该公司从解决废旧电池回收技术入手，进而解决了废旧电池、电子垃圾和报废汽车等中国典型废旧资源绿色处理和回收中的关键技术难题，以及动力电池材料的三方"核"技术。构建了世界先进的新能源全生命周期价值链、钴钨稀有金属资源回收价值链、电子废弃物和废塑料回收价值链以及新能源回收模式。

4. 天奇股份：致力于服务汽车全生命周期，拓展锂电池回收业务

天奇股份致力于服务汽车全生命周期，形成了围绕四大产业的战略发展方向，即以汽车智能装备、大宗物资运输、智能工业服务为重点的智能装备产业，以再生资源加工设备和报废汽车回收为重点的回收装备产业。锂电池回收行业专注于锂电池回收利用业务，重工业机械行业以风电铸造业务为主要业务。

其子公司江西天奇金泰阁钴业有限公司电池回收产能持续扩张。在锂电池循环板块的产能方面，据该公司公开的消息，2021年年底该公司已经具备了20000 t废旧三元电池的处理能力，年产钴锰镍合计3500 t、碳酸锂2000 t。在扩产系改项目达产后，整体的处理规模将提升至 50000 t，计划年产钴锰镍 12000 t、碳酸锂 5000 t。在磷酸铁锂电池回收处理方面，该公司已于 2022 年 4 月启动新建废旧磷酸铁锂电池回收处理项目，已率先投资建设的一期项目年处理 5 万 t 废旧磷酸铁锂电池，该项目建成达产后能够年产磷酸铁 11000 t 及碳酸锂 2500 t。

5. 旺能环境股份有限公司：垃圾焚烧发电转型锂电池回收，打造第二成长曲线

旺能环境股份有限公司自建与收购并举，生活垃圾处理能力不断扩大。据该公司年报显示，截至 2021 年年底，该公司共投资建设垃圾焚烧发电项目 253200 t/天，其中 19 座电厂 32 期项目已建成投产；食品厨余垃圾项目总投资建设 2720 t/天，其中已建成投产 11 期食品厨余项目。该公司将通过自建+收购的方式进一步扩大产能规模，短期内生活垃圾处理领域仍有稳定增长空间。在自主市场开发方面，截至 2021 年年底，该公司已跟进国内食品及厨房项目 17 个、海外固废项目 10 个。

锂电池回收二期项目筹建启动，可再生资源第二条曲线日益清晰。该公司年报显示，于 2022 年 1 月 4 日收购的立新新材料公司一期动力电池钴镍锂提取项目已于 2022 年 4 月正式投产。预计 2023 年达到全部产能，相应的镍钴锰净化能力为 3000 t/年，碳酸锂净化能力为 1000 t/年。二期项目规划对应镍钴锰净化能力为 7500 t/年，碳酸锂净化能力为 2800 t/年。同时，该公司开始布局磷酸铁锂电池回收能力，计划年产 6 万 t 废电池。受资源禀赋、宏观环境及产能建设周期长等各方面因素影响，碳酸锂短期产能仍然不足，供需紧张背景下短期内有望继续维持高锂价，这有利于该公司锂电池回收业务实现较好的盈利能力。

6. 广东光华科技股份有限公司：印制电路板领域领先企业，磷酸铁锂电池回收产能持续扩张

广东光华科技股份有限公司是印制电路板领域的龙头企业。该公司一直专注于特种化工领域的产品研发和销售。在印制电路板领域，该公司连续 13 年位居中国电子电路行业专用化学品主要企业营收榜单第一位。新产品黏合剂已获得 5G 通信行业领先品牌和国内中高端印制电路板领先品牌客户认证，实现在线量产。在化学试剂领域，曾被评为中国化学试剂行业十强企业，产品稳定供应给中国石化系统。

该公司立足磷酸铁锂电池拆解回收，新能源材料产能或将持续扩张。2021 年，投资 4.54 亿元建设废旧锂电池高效综合利用及高新技术电池材料扩容项目。该项目可提高废磷酸铁锂电池的综合利用率，降低回收成本，在兼顾环境问题的同时实现公司利润，促进废磷酸铁锂电池拆卸回收的健康发展，形成废磷酸铁锂电池回收产业化发展的良性循环。该项目投产后，将扩大公司整体规模，有利于进一步发挥公司在技术、产品、客户、品牌、管理资源等方面的优势。此外，该公司拟通过非公开发行 A 股募集 12.5 亿元资金，投资珠海高性能锂电池材料项目建设，并计划建设年产 5 万 t 磷酸铁、1.15 万 t 碳酸锂的综合回收生产线。该公司或打造"电池梯级利用—电池拆解—电池回收—原料再造—材料再造"的新能源材料全生命周期循环体系，提升自身在退役锂电池综合回收利用领域的核心竞争力。

7. 广东道氏技术股份有限公司：前驱体产能持续扩张，回收有望起量

广东道氏技术股份有限公司大力发展锂电材料业务，专注材料创新、工艺创新、产品创新，是一家具有自主研发和创新能力的高新技术企业。该公司全力拓展新能源赛道，形成"碳材料+锂电材料+陶瓷材料"共同发展的新格局，在保持陶瓷材料业务领先地位的同时，锂电材料逐渐成为核心战略业务。

前驱体产能持续扩张，重点发力前端资源配套。该公司已形成"盈德+龙南+芜湖"三大三元前驱体生产基地，配备钴、镍盐生产线。盈德基地已形成年产 3.2 万 t 三元前驱体的生产能力。年产 1.2 万 t 三元前驱体新产能投产后，盈德基地将形成 4.4 万 t 三元前驱体年生产能力。该公司将加快龙南基地一期工程 5 万 t 三元前驱体项目建设进度，芜湖基地正积极筹备开工。在配套基地方面，刚果（金）基地拥有年产 1.2 万 t 电解铜和 2 万 t 钴中间产品的产能，正在建设年产 2 万 t 电解铜和 3000 t 钴中间产品的新项目，于 2022 年年底投产。刚果（金）基地投产后，将形成每年 3.2 万 t 电解铜和 5000 t 钴中间产品的总金属产能。该公司计划在印度尼西亚开展镍资源冶炼项目，并建立工业基地。另外，该公司规划有 5 万 t 废旧锂电池回收再利用生产线，有望增强前端资源配套的能力。

8. 广东迪生力汽配股份有限公司：锂电池回收产能或加速释放

广东迪生力汽配股份有限公司主要经营汽车铝合金轮毂和汽车轮胎。该公司拥有国际知名品牌、自有销售渠道、研发团队和生产基地（轮胎外包生产），立足于高端汽车改装市场。经过多年的积累，该公司建立了成熟稳定的技术研发、产品开发、生产工艺和销售渠道，建立了稳定的产供销体系，是一家高新技术企业。该公司在北美地区的改装市场拥有成熟稳定的销售渠道，公司品牌知名度高，产品风格得到了市场的认可。在北美拥有 13 个销售连锁子公司和 12 个仓储及中转物流基地。截至 2021 年年

底，其销售网络已覆盖北美地区。

9. 安徽超越环保科技股份有限公司：区域危废资源处理龙头企业，积极转型锂电池回收业务

安徽超越环保科技股份有限公司是安徽省危废资源化处置龙头，主营业务涵盖工业危废资源化利用、医疗废弃物无害化处置以及废弃电器电子产品拆解，主要产品为部分工业危废资源化利用产品与废弃电器电子产品拆解产物。该公司业绩波动主要是由于危废业务处置量波动较大，从危废处置板块来看，2021 年该公司焚烧类业务处置量为 3.49 万 t，同比增长 28.62%；填埋业务处置量为 2.2 万 t，同比下降 49.88%。从废弃电器电子产品拆解板块来看，该公司年处理能力为 148.6 万台/套。该公司正积极转型锂电池回收业务，拟投资 4 亿元建设 6 万 t/年的锂电池回收利用项目，预计一期项目将于 2023 年投产，积极拓展锂电池回收利用业务有望为该公司打造第二增长曲线。

借鉴海外发达国家的锂电池回收发展可以发现，未来以电池（材料）生产商为主的回收、行业联盟回收和第三方回收将成为国内锂电池回收的三种主流商业模式（见表 7-3）。

表 7-3　废旧锂电池回收主要商业模式

回收主体	回收模式分析	模式特点
电池（材料）生产商	由动力电池生产商利用新能源汽车生产商的销售服务构建，新能源汽车生产商、销售商和消费者用户配合电池回收	熟悉自己生产的产品，回收技术难度小，成本相对较低；单个企业的回收力度有限，回收渠道少，资金周转困难
行业联盟	由行业内动力电池厂商、新能源汽车厂商或电池租赁公司组成，共同出资成立专门的回收机构，负责动力电池的回收	影响力强、覆盖面广、回收渠道多，但对企业协同合作的同步要求高，目前也还并不完善
第三方	有的电池厂家将回收业务委托给第三方企业运营，或者是一些小车间的专业电池回收企业独立回收废旧电池	独立构建回收网络，存在运输、产品销售难题，且回收技术差，再制造产品质量难以保证

7.2　青海省锂电池回收产业发展路径

从上述分析可知，无论是产业市场的变化，还是技术创新的发展，锂电池回收领域即将迎来大规模发展时期。

7.2.1　锂电池回收的产业前景

因动力电池的电池容量会在循环充放电过程中逐渐衰减,当衰减至80%以下时,动力电池达到退役状态。锂电池中镍、钴、锰、锂等元素均可实现回收利用,具有明显的经济价值,拆解回收后可进一步用于生产三元前驱体和正极材料,实现产业链闭环,有效降低电池成本。在现阶段锂电池上游材料价格持续上涨以及上游金属资源日渐紧缺的背景下,锂电池回收的经济效益将愈加凸显。

为应对锂电池退役高峰的到来,业内企业已经抓紧在锂电池回收领域进行布局。上海西恩科技股份有限公司、格林美、邦普循环等公司已规划建设电池拆解回收线,以应对逐步增长的电池回收需求。未来,随着回收体系的建设和法律法规的完善,以及技术进步带来的回收效益提高,锂电池回收市场的潜力将进一步被发掘,成为锂电池生产原料的重要来源之一。

1. 新能源汽车报废年限接近,退役高峰来临

新能源汽车的高产销带动动力电池装机容量上升。据中国汽车动力电池产业创新联盟统计,近年来中国动力电池装机量呈明显上升趋势。2013—2021年,中国动力电池装机容量从0.8 GW·h增长到154.5 GW·h;2022年1月,中国动力电池产量合计29.7 GW·h,同比增长146.2%,装机容量合计16.2 GW·h,同比增长86.9%。在新能源汽车产销高增长的背景下,动力电池装机量持续上升。

新能源汽车逐步报废,动力电池退役高峰即将到来。中国新能源汽车从2013年开始大规模普及应用,2014年进入爆发式增长阶段。国内新能源汽车动力电池报废周期为3~5年,私人乘用车动力电池报废周期为5~8年。假设前期主要用于商用车的磷酸铁锂使用寿命为4年,级联利用2年后可进入报废阶段;三元电池在使用5~6年后直接进入退役过程,因此判断动力电池应在2021年前后迎来退役高峰。此外,由于2021年动力电池装机容量激增,预计将导致2027年前后电池报废数量快速增加。

2. 废旧动力电池存在较大环境风险,推动电池回收的发展

废旧动力电池对环境和人体健康存在潜在威胁,需要有效回收利用。如果电池正极材料泄漏,环境的pH会升高。不当的操作也会产生有毒气体。此外,动力电池中含有的多种金属和电解质会危害人体健康,如钴可能导致胃肠功能障碍、耳聋、心肌缺

血等。有效的应对措施是回收废旧动力电池，这将促进电池回收行业的健康发展。

3. 退役动力电池具有资源属性，回收价值较高

动力电池材料需求旺盛，供给紧张，催化钴、锂、镍等金属价格上涨。在新能源汽车产销量增高及资源供给相对紧张的带动下，钴、锂、镍等金属的价格均出现了不同程度的上行，截至 2022 年 2 月 23 日，我国金属锂（≥99%工业级、电池级）价格收报 245 万元/t，较上一年同期上涨约 367%；截至 2022 年 2 月 17 日，电解钴（≥99.8%）市场均价约为 53.35 万元/t，较上一年同期上涨约 87%；截至 2022 年 2 月 21 日，碳酸锂（99.5%电池级）市场均价约为 44.8 万元/t，氢氧化锂（56.5%）市场均价约为 38.45 万元/t。在锂、钴、镍价格持续上行的背景下，电池回收所得到的金属将实现较高的经济效益。

4. 政策红利期有望带来行业规模爆发，企业快速入局

国家多部门密集出台相关政策，助推行业发展。2012 年，国务院制定《节能与新能源汽车产业发展规划（2012—2020 年）》，提出要制定动力电池回收利用管理办法，之后工业和信息化部、商务部等多部委均发布了相关政策。2021 年 10 月，工业和信息化部表示，将加快推进动力电池回收立法，完善监管措施等，从法律、政策、技术、标准、产业等方面加快推进新能源汽车动力电池回收。一系列政策红利将推动动力电池回收行业规范发展。

（1）锂电池回收行业空间巨大。假设三元电池使用 5 年后进入报废期，磷酸铁锂电池正常使用 4 年加级联使用 2 年；电池生产企业年废量占当年电池装机容量的 5%；镍钴锰电池回收率 98%，锂回收率 85%。根据回收后产生的金属盐（包括碳酸锂、硫酸镍钴锰等）价格，预计 2027 年全球锂电池回收产业空间市场将超过 1500 亿元。

行业空间大吸引众多企业纷纷入局，具有资质的企业有望增加。在巨大市场空间的吸引下及《"十四五"循环经济发展规划》等的引领下，众多企业加速布局动力电池回收及梯次利用业务。未来随着行业规范化的增强，符合《新能源汽车废旧动力蓄电池综合利用行业规范条件》的企业数量有望增加。

（2）回收工艺较成熟，商业模式多样。

1）湿法回收技术成熟，已大规模应用。锂电池的回收过程主要包括预处理和后续处理。预处理包括：①分类、放电、拆卸和粉碎，通过不同的方式放电，拆除电池的外包装，拆除金属钢外壳以进入电池内部；②活性物质和收集器流体的分离；③收集

液体和电解质回收及再利用。后续处理是回收正极材料中的高价值金属，并生成金属盐出售，如镍、钴、锰和锂等金属，并生产硫酸镍、硫酸钴、硫酸锰、碳酸锂等。

正极材料回收和处理技术也可分为物理回收、湿法回收、热回收和微生物浸出，各有优缺点。物理回收是利用精细拆卸和材料修复技术进行回收，自动无污染拆卸，经济性好。湿法回收工艺是一种反应速度慢、工艺复杂的主流工艺，但对设备要求低，产品纯度高。热回收工艺相对简单，但回收率低，能耗高，存在污染。微生物浸出的生物循环利用具有低污染、低能耗和可重复利用的特点。然而，微生物菌株的培养难度大，对浸出环境要求高，因此现阶段不能直接用于工业应用。

湿法回收是锂电池最常见、最成熟的技术。利用化学溶剂将正极材料中的镍、钴、锰、锂等金属离子转移到浸出液中，再通过离子交换、吸附、共沉淀法形成碳酸锂、硫酸镍、硫酸钴等无机盐或氧化物。工艺流程比较复杂，但金属回收率高、纯度高，已得到广泛应用。

回收后的负极材料石墨可应用于导电石墨的制备和废水处理。石墨是商用动力电池中应用最广泛的负极材料。废石墨含有金属元素、有机黏结剂等杂质。废石墨可以提纯，回收高附加值产品。

2）商业模式多样，回收来源是核心。回收渠道是电池回收的关键。电池回收渠道包括整车厂、电池厂、汽车拆解企业、梯次利用企业、贸易企业等，回收渠道种类多，且废旧电池配方、形状各异，如何建立稳定的电池回收渠道至关重要。现阶段3C电池报废较多，预计未来动力和储能电池将是主要来源，电池回收企业应与整车厂、电池厂、汽车后市场服务商、互联网企业共同探索合作模式。

除了生产动力电池，动力电池厂家也在加大电池回收的责任。电池生产企业将通过收购、合作或成立合资企业的方式安排电池回收业务，提高上游原材料采购的议价能力，降低电池材料成本。动力电池企业回收模式的代表企业是宁德时代，它通过收购邦普的方式布局电池回收领域，也在一定程度上降低了电池材料成本。

行业联盟回收模式是电池回收企业通过联盟成员企业的配送服务网络实现的商业模式。中小企业在实际回收过程中会遇到很多困难。例如，回收电池数量不足，回收渠道建设落后。造成这种现象的主要原因是回收渠道单一，消费者回收观念淡薄。为了解决这样的问题，一些汽车制造企业以联盟的形式建立了回收系统，向消费者回收和销售电池。该模式的代表企业为北京新能源汽车股份有限公司，其专注于退役电池的级联利用，实现新能源汽车储能、动力电池、太阳能发电的深度融合，使动力电池价值最大化。

第三方回收企业模式被广泛使用，需要与电池制造企业密切合作。第三方电池回收企业在电池回收技术和工艺方面具有强大的优势，但需要通过与车辆制造企业和电池制造企业的合作，独立构建回收网络，建立稳定的电池回收渠道。以天奇股份为例，通过与整车制造企业深度绑定，加强与废旧电池贸易企业、电池制造企业和互联网企业的合作，该公司建立了废旧锂电池原材料采购、回收和产品销售的完整产业链。

3）回收经济性分析。三元电池回收经济，碳酸锂价格上涨，磷酸铁锂回收有利可图。根据黎华玲等人 2018 年发表的《锂离子动力电池的电极材料回收模式及经济性分析》，采用湿法回收技术处理每吨废电池，磷酸铁锂损失 312 元，三元材料可盈利 6355 元。过去几年，回收磷酸铁锂动力电池经济性较差，但自 2021 年以来，随着碳酸锂市场价格的快速上涨，回收磷酸铁锂也具有较好的盈利能力。

7.2.2 青海省锂电池回收产业发展

鉴于以上对产业发展趋势的分析，青海省应制定相应的产业回收政策，在未来锂电池回收产业应重点关注以下方面。

1. 做好顶层协调及设计

政府部门要充分重视动力电池回收利用体系构建，首要工作是做好顶层设计，从战略上对企业进行引导。为此，青海省需制定专门的动力电池回收利用指导方案，明确动力电池回收利用发展方向，确定废旧动力电池回收利用工艺引进、回收网络创建、商业模式改造、支撑体系分工等重点任务，通过联合节能与新能源汽车产业发展部际联席会议制度，加强各部门协同合作，强化地方政府在回收利用过程中发挥重要作用，及时总结和学习废旧动力电池回收利用的成功经验和有效做法，有重大突破应及时上报。

2. 加强产业化技术攻关

加快动力电池报废标准及检测技术、可级联使用的电池残值评价技术、单体电池自动拆卸技术、材料分拣技术等关键共性技术的研发。鼓励动力电池回收新技术、新工艺的研究，通过改进回收前的预处理技术，采用更先进的制备技术，最大限度地提取废旧动力电池中的各种元素，在获得高附加值再生材料的同时减少后续污染。开发更容易实现批量处理的回收技术，不断提高原有的回收技术和工艺水平。推进动力电池回收关键设备标准化、规模化，提高设备自动化水平。加大生产、控制、检测设备创新力度，推进全产业链工程技术能力建设。

3. 健全回收网络

构建以动力电池回收企业为主体，新能源汽车企业、动力电池企业、储能实体等主体参与的回收网络。鼓励发展新型动力电池回收利用企业，支持有实力的动力电池回收企业、新能源汽车企业、动力电池企业等开展回收网络建设。加强协调合作，有效整合资源，加快推进以动力电池回收企业为主导，以新能源汽车配销网络、动力电池回收站点和报废汽车拆解企业为主体，新能源汽车企业、动力电池企业、储能实体和地方政府积极参与的动力电池回收网络建设。

4. 创新商业模式

构建惠及动力电池回收企业、新能源汽车企业、动力电池企业和消费者的商业模式，通过回收能力的不断提升实现动力电池回收网络的扩大，是推动动力电池回收的必要途径和有力保障。鼓励技术水平高、创新能力强的动力电池回收企业，以及有实力的新能源汽车企业、动力电池企业等主体创新商业模式，通过满足退役动力电池回收需求创造价值，使商业模式参与者获得价值。鼓励商业模式创新主体采用新技术、整合新兴技术，提高动力电池回收能力。加快破除体制机制障碍，为商业模式创新主体跨领域整合资源创造条件，鼓励更多社会资源参与动力电池回收商业模式创新。

5. 开展试点示范

开展动力电池回收试点示范，以试点示范加快动力电池回收体系建设。选择新能源汽车发展重点地区和动力电池回收基础较好的城市，积极开展动力电池回收试点示范。引导试点地区加快完善动力电池回收管理规范和配套政策，积极开展商业模式创新，加快动力电池回收网络建设。总结动力电池回收试点示范经验，形成可复制推广的回收模式，实现规模化推广应用。

6. 完善支撑体系

制定动力电池回收扶持政策，完善回收管理措施，逐步完善动力电池回收扶持体系。研究发布有针对性的扶持政策，加强动力电池回收激励。结合国家重点研发计划等研发项目，重点支持动力电池回收产业化关键技术和关键设备的研发，支持动力电池回收新技术、新工艺的研发。设立奖励基金，奖励示范效果好的动力电池回收试点。探索建立动力电池回收押金制度，鼓励新能源汽车消费者和汽车报废拆解企业。制定财税扶持政策，对动力电池回收企业给予税收优惠，对低残值动力电池回收企业给予补贴。建立动力电池回收公共服务平台，完善废旧动力电池评价机制和定价机制，逐步建立废旧动力电池回收市场。

完善动力电池回收的相关标准和管理规范，完善回收管理措施。印发动力电池管理细则，进一步明确动力电池回收责任主体，对动力电池回收企业开展资质认证。加快制定动力电池分类、包装、运输、储存、级联利用和报废新能源汽车拆解等相关标准，加强动力电池回收安全管理。加强动力电池回收规范管理，对违规、存在环保安全问题的企业进行严厉处罚。

7. 融合新兴技术

整合互联网、大数据、物联网等新兴高新技术，提升动力电池回收质量和效率。运用大数据分析等手段，提高废旧动力电池评价分拣效率，加强在分类、包装、运输、储存、梯次利用等方面的合作。加强新一代信息技术在动力电池全生命周期中的应用，与新能源汽车企业和动力电池企业、动力电池分拣拆解企业、梯次利用企业等主体合作，共同构建逆向大数据系统，实现废旧动力电池可追溯管理系统。

8. 强化融资支持

鼓励利用社会资本建立动力电池回收发展专项基金，通过政府与社会资本合作（PPP）等方式为社会资本参与动力电池回收创造条件。鼓励金融机构在商业可持续性原则下，创新金融产品和保险产品，综合运用风险补偿等政策，完善金融服务体系。推广股权、项目盈利、特许经营等融资方式，加快建立财政出资、社会资本投资等多层次担保体系，积极推动设立融资担保基金，拓宽动力电池回收企业、梯次利用企业及相关主体的融资渠道。

9. 加快建设电池护照体系

聚焦新能源产业高质量发展，希望加快电池护照及配套政策研究。电池护照是物理电池的数字孪生体，为每块电池建立档案可实现对动力电池全供应链的透明化数字管理。消费者和监管机构可通过电池护照，简单直接地查阅电池产品的相关信息。电池护照作为政府监管和社会监督的有力抓手，可成为促进电池产业低碳、循环和可持续发展的重要政策工具。以"双碳"目标为导向，发挥我国产业链完善、应用数据丰富的优势，针对碳足迹、ESG、回收溯源、梯次利用等实际管理需求，研究设计我国电池护照，并将其作为我国电池行业全生命周期管理的数字化管理工具。

10. 鼓励技术创新

通过国家政策引导，鼓励企业投入固态电池研发，培育相应人才。一是建议将固态电池纳入重点研发领域，推出更多重点研发计划、重点科技项目、产学研合作项目等，汇集更大力量，在固态电池研发领域抢占领先身位。二是建议设立相应细分学科，发挥高校科研力量，培养更多专业人才，打好固态电池研发这场持久战、攻坚战。

推广固态材料、半固态电池等产品，以商业化带动技术研发。对企业而言，纯技术研发往往意味着巨大的投入和遥远的产出，不利于长期执行。实际上固态电池研发过程中的固态电解质、固体隔膜、半固态电池等产品，均具备商业化能力，且能提升安全、抗低温性能。建议国家对固态系列产品能够提供一定政策扶持，鼓励电池厂、车企将固态研发进程中的产品阶段性落地，从而形成以商业化推动技术研发的良性循环。

推进动力电池绿色技术创新及推广应用，加快电池产品绿色低碳转型，组织制定行业能耗、污染、碳排放标准，支持企业加强新材料、新工艺、高效装备等重大关键技术（装备）研发攻关，提升能源利用效率和再生资源利用水平；完善行业管理规范，构建国家层面统一标准的产品碳足迹认证体系，完善绿色低碳标准、认证、标识体系，促进国际合作和互认。

企业可以加大科研投入，充分研发铅碳、锂电、氢电等不同技术方向的动力电池，通过科创力量促进低碳产品的生产。同时，探索动力电池回收新技术、加速动力电池循环产业布局，加强资源的循环利用也是企业降低产品碳足迹的主要方法之一。

推动动力电池标准化，加强下一代动力电池、芯片等技术攻关。推进动力电池标准化，对电压、形状、安装位置、接口等进行统一。同时，可以基于市场化机制，完善科研成果到商业化落地的全流程支持政策，激发创新主体活力，加速推动下一代电池和车规级芯片等核心技术发展。

11. 完善相应法规

随着第一波动力电池退役潮的到来，未来通过废旧电池再生提取的锂资源占比将持续提升。电池回收再生问题主要集中在两个方向：一是自动拆解的技术成为电池再生效率的瓶颈；二是"小作坊"式电池回收为行业带来安全、环保隐患。建议大力开展产学研合作，高等院校、科研院所、企业同时参与到技术攻坚之中，尽早实现电池的高效回收，为即将到来的退役潮做好准备；同时进一步完善电池回收法规、制定明确奖惩规则，让整个行业做到可持续发展。

对电池回收体系进行顶层策划，由动力电池企业牵头，从产品设计源头制定电池回收路线，建立高效电池回收体系；制定回收过程的标准规范，确保回收低碳、环保、高效，并有经济价值；优先支持具有动力电池全生命周期大数据管理能力，掌握低能耗零污染材料再生技术的动力电池企业进行产业化布局。

要加强政策扶持，鼓励电池回销一体化体系建设；加强回销一体化企业资质审核，制定处罚管理制度；加强动力电池溯源平台管理，明确电池流向；加强回销一体化示范项目推广，推动重点技术规模化应用。

在"提升动力电池回收行业准入门槛，推进产业高质量发展"方面，青海省需要积极组建全国强化回收链条的一体化布局，通过政策引导推动行业向大规模、大产业、大项目方向发展，促进锂电池回收产业升级，实现高质量发展。

7.3　青海省锂电池回收产业专利战略

锂电池回收相关专利技术仍处于不断发展阶段，且随着锂电池应用场合的增加及其在新能源领域使用率的增加，锂电池回收产业将会蓬勃发展。从专利申请主体来看，企业、高等院校和科研院所仍将是主要申请主体。随着锂电池回收产业发展得越来越好，专利技术运用情况不断优化，会进一步促进锂电池回收产业稳步向前发展。

7.3.1　专利诉讼

经分析发现，锂电池回收技术领域无明显专利诉讼案件，该领域还处于技术迅速发展期。结合锂电池回收技术领域专利申请趋势分析可知，随着专利申请数量的增多，势必存在技术冲撞，预测未来该领域会有较多的专利诉讼产生。

7.3.2 专利运营

1. 专利转让

我国锂电池回收技术领域专利转让区域分布情况中共有 177 件专利发生过权利转让，转让数量明显高于其他国家和地区。从数据上可以看出，在锂电池回收技术领域进行的权利转让事件并不多，由于锂电池回收产业还处于一个探索发展阶段，业内各大专利权人还处于专利申请阶段，还未真正开始关注权利的转让。

由专利权转让分析可知，已有专利权转让均为企业间的转让交易。企业之间的转让又分为两种情况：一是集团内部公司的权利转移；二是不相关联主体之间的权利转移，这是最体现专利价值的权利转移方式。专利权转移的活跃度可以看出本领域内企业对于专利保护的重视程度。

可以看出，在锂电池回收技术领域内转让交易数量不多，但有一些大型企业已经意识到通过转让的方式获取目标技术的重要性。企业需要重视行业竞争对手的技术发展，并可以通过专利权转让的方式丰富自己的专利基数以及获取重要专利技术来应对专利侵权风险。企业可以通过专利权转让的方式实现成果转化，为自身注入新的竞争优势。

2. 专利许可

专利许可在一定程度上可以反映出一件专利的价值，通过专利许可的形式，授予被许可人行使专利的权利，避免被许可人因使用许可人的专利技术而面临侵权风险。其中锂电池回收技术领域尚无涉及个人或企业的专利许可。

从锂电池回收技术领域尚无专利许可的情况来看，行业内还未形成一个较为成熟的许可交易市场，可能由于现阶段的锂电池回收技术正处于技术研发和攻克阶段，还没有大规模应用到产品生产上。伴随重点技术的发展，技术将被投入市场，届时各大生产商为了实现产品化生产，进而实现企业的持续发展，必将需要通过获得该领域核心技术专利许可来赢得竞争市场。

此外，对于技术持有者的许可人来说，不论是个人专利权人还是企业专利权人都能通过专利许可这一方式获得权利收益，特别是企业可以将专利许可作为提升企业专利竞争力的一个有效途径。

从专利风险角度出发，锂电池回收技术领域还未发生相应的诉讼纠纷，但可以预计，随着专利申请量的增加，锂电池回收产品化应用的推广，势必存在技术和利益的冲撞，预测未来该领域会有较多的专利诉讼产生。专利转让和专利许可作为在市场流通的两种专利运营方式，在锂电池回收技术领域还未形成一定的交易规模，但从数据中也可以看到，一些有实力的企业已经开始有购买专利权的动作了，而随着锂电池回收技术的发展，未来这样的运营模式会更多地出现在行业内，不论是基于制压竞争对手还是寻求合作的目的，其都将被各大企业所重视。

总之，未来随着锂电池回收技术需求增长和回收效益的提升，会催生出更多的供应商加入产业链，推动整体产业链迅速发展。

7.3.3　专利布局路径优化

专利布局是指结合企业愿景、战略规划和短期经营目标，在考虑相应的产业发展现状、整体市场竞争环境、技术发展轨迹、法律制度等因素后，灵活运用各种专利手段，在技术领域、专利申请领域、申请时间、申请类型和申请量方面进行有针对性、战略性和前瞻性的规划和动态部署过程。其主要目的是使专利的价值和利益最大化，形成一个相对有利的专利保护网络，支持和促进企业的经营和发展，增强自身市场竞争力。

自新能源汽车与世界能源环境之争以来，锂电池回收技术逐渐成为市场关注的焦点。随着各大动力电池厂商大量加入，随之而来的专利诉讼将成为防止竞争对手相互掣肘的重要手段。厂商自然也很担心自己会落入专利陷阱。为了避免"踩雷"，业内不少厂商早已开始筑起知识产权保护之墙，聚焦行业核心技术，全力提升自身综合实力。青海省面对锂电池回收行业的市场格局，应提前在锂电池回收技术领域进行专利布局，形成有效的专利保护网络。

本小节根据前面分析的锂电池回收技术领域专利布局情况以及主要申请人的布局策略，进一步结合青海省的专利现状，提供可供青海省参考的专利布局优化路径。

在制定专利布局策略之前，青海省政府需要确定青海省经营目标及主要经营产品和技术，确立经营目标后，专利布局无论采用何种策略，都以实现该目标为核心和目的。青海省作为锂电池回收行业的后来者，在专利布局策略的规划上要紧跟大企业的市场发展战略。

锂电池回收技术处于快速发展期，但专利申请人较为分散，尚未形成稳定格局。

青海省作为该行业的后起之秀，处于技术积累阶段，在锂电池回收的专利布局数量较少，仅有12件，相对于国内巨头中南大学、邦普循环，青海省在锂电池回收领域的专利布局力量比较薄弱，同时在海外市场的专利布局几乎空白。因此，青海省需继续加大物质回收等关键技术的研发投入，紧跟青海省发展战略，加强专利布局，通过专利交叉许可等手段，扬长避短，更好地进入锂电池回收这一新兴领域。

常用的专利布局策略包括以下几种。

1. 先阻挡后设围策略

路障式专利布局比较适宜开拓型的新创企业在初期采用，青海省现有锂电池回收技术专利数量较少，在锂电池回收技术快速发展阶段，急需对青海省的锂电池回收技术进行基本的保护，防止其技术进入市场后被大量仿制，对企业本身造成冲击，因此需要制定一种见效较快的专利布局策略。尽早针对青海省在锂电池回收核心技术领域申请一个或几个专利是非常有必要的。这些初期专利虽然量少，但必须是精品，专利的保护范围尽可能宽，能够大范围地覆盖青海省在锂电池回收领域的创新技术。这种以防御为目的，申请少量核心产品或核心专利对他人形成路障的布局设计称为路障式专利布局，能够防止他人完全模仿自己的技术，同时专利申请与维护成本低。就青海省锂电池回收专利布局来看，要想在锂电池回收的物质回收等方面进行专利布局，缺乏基础性专利。锂电池回收是资源综合利用的技术手段，其最大的特点是回收的方法中伴随着多种资源的回收和利用。因此，锂电池回收的专利竞争，绕不开常规回收方法的基础性专利，故建议青海省在锂电池回收技术领域加强基础性专利布局，防止步入他人的雷区。

锂电池回收仅是一种技术的概况性说法，很难界定出哪些是锂电池回收的专属专利，因此，青海省可结合传统技术，在基础性专利布局上向锂电池回收技术做延伸，形成核心专利，后期当专利布局需要扩展时，可在核心产品或核心技术周围申请相关专利，在核心技术的发展过程中也不断挖掘新的专利，这些之后跟随的专利与原有的核心专利共同构成专利丛林，形成有效的专利防护网，防止竞争对手入侵，同时也是企业将来取得专利交叉许可或运营的好途径。

2. "游击战"策略

对于持续不断出现的新企业来说，当它们进入市场，面对众多竞争对手的时候，它们很难正面与竞争对手直接抗衡，所以采用规避设计策略是合适的，就像游击战一样，从敌人的薄弱环节"下手"，利用自己的优势去攻击敌人的弱点。例如，从与竞争对手不同的研发方向出发，或者在被巨头公司忽视的细分市场完成自己的专利布局。由于目前技术路线的不确定性，大多数专利仅处于概念或初步技术验证阶段。青海省可基于全球专利技术分支进行分析，避开技术热点，从技术疏点和空白点进行布局。在锂电池回收的综合利用方面，多材料共同回收的专利布局还很少，这些皆为锂电池回收在我国专利布局上的技术稀疏点，也是青海省进行专利布局的专利机会点。

3. 先导型策略

先导型专利布局策略需要对竞争对手的研发方向进行预判，因此存在很大的不确定性。实施先导型专利布局策略需要掌握行业发展动态、竞争对手专利布局状况及市场状况，依据这些信息结合企业自身经验来判断竞争对手可能的研发方向，一旦确定需加快研究进程，只有抢到早于竞争对手的申请日，这样的专利布局才有意义。因此，采用先导型专利布局策略的省份，其技术团队和知识产权管理部门必须紧密配合，协调一致，才能有效地实现专利布局。由于技术路线尚未完全确定，行业产品技术标准尚未形成，锂电池回收相关专利的适用性和有效性仍处于验证阶段。目前的专利布局更像是一种抢占山顶、抢占市场份额的战略。因此，青海省应未雨绸缪，抢占有利市场。

4. 海外专利布局

在知识经济时代，专利技术和科学技术之间的竞争已成为企业乃至国家之间竞争的主要方式，如何防止海外专利被窃取和保障技术安全是进行海外专利布局不得不考虑的问题。锂电池回收行业的种种迹象都表明了某些中国厂商开始将目标市场转向海外，抢攻品牌大厂的锂电池回收市场大饼。对于青海省而言，正处于开拓市场的关键时期，并且已有的专利都布局在中国本土，在锂电池回收领域并未在海外进行有效的专利布局，若未来三年内青海省有锂电池回收技术转让国外市场的计划，或下游企业有海外市场战略布局，需提前考虑在海外市场进行专利布局。

海外专利布局需要根据企业战略规划和商业定位来制定，充分考虑各方面的优势和不足，可从技术、时间、地域三个方面有计划地进行专利布局。

技术是专利布局的核心要素。首先，专利布局应围绕技术创意展开，力争覆盖各种规避设计，从而垄断技术，占领市场。其次，注重全产业链各环节布局，从最初的技术方案出发沿着产品的全产业链追溯，向锂电池回收中游及下游产品市场延伸，为青海省的业务延伸打下伏笔，如加强在锂电池回收某一具体产品等方面的专利布局。最后，注重相关领域布局，包括邻近领域和配套领域，如在锂电池回收拆卸设备、锂电池回收放电设备、锂电池回收材料方面进行技术布局。

时间布局主要包括申请时机、公开时机和专利维持时间。全球主要市场在专利确权上都遵照先申请原则，锂电池回收领域竞争仍然较为激烈，为了更好地服务于本省企业，应该对申请的时机和流程进行统筹协调。很多国家或地区存在提前公开机制，当需要尽快获得专利权时，在申请后可要求提前公开。专利维持时间是专利权人根据专利技术情况、专利价值、专利持续投入规划、专利制度相关规定等主要因素做出的综合性决定。锂电池回收还处在量产前的阶段，锂电池回收相关专利的适用性和有效性还处在验证阶段中，青海省应基于自身在部分锂电池回收技术上的优势，抢先申请基础性专利，并继续进行外围专利申请。

专利布局主要服务于市场需要，因此确立以市场为导向地制定地域专利布局策略也是青海省发展专利的应有之意。青海省在选择专利申请的地域时，可以结合自身的市场定位和竞争对手的市场定位进行决策。

青海省自身产品的现有市场主要在中国，因此青海省应当持续立足于中国本土，步步增强在中国布局的数量、广度和深度，并增加储备性专利部署，将核心专利提前两年在海外销售市场进行布局。从行业发展情况来看，竞争对手的市场主要在美国、日本、韩国以及中国，如果青海省下一步计划在这些目标国家进行技术转让或合作，那么可能面临对方的专利诉讼风险，因此需提前在目标国进行专利布局。可以在对竞争对手的产品和专利进行充分研究的基础上，提前在其所在国家和重要目标市场以针对性的技术进行布局。

7.3.4 专利战略规划

企业为了保持市场竞争优势，发明了经营性专利制度，通过提供专利保护手段和专利信息，寻求获得最佳经济效益的整体方案。青海省应利用与知识产权相关的法律法规，结合自身的技术创新，利用专利实现商业目标。这在中国尚处于探索和应用阶段，但专利运营的目标是展示青海省利用技术确认权利的一系列商业活动。竞争是动力，技术在其中起着关键作用，这反映在获取和利用新技术的竞争上。专利本质上是技术的驱动力。在青海省的经济活动中，专利被依法使用，并与青海省的经营战略相结合，形成青海省专利战略。专利战略的实施和推广可以看作专利运营的过程。

专利运营是青海省专利制度综合应用的一种手段,它以省级创新为基础。最直接的表现是制定省级专利战略。专利战略规划是青海省明确专利运营手段的纲要。

专利战略规划包括两个方面,通过专利战略获得专利权和通过专利保护手段获得市场竞争优势。前者包括专利技术的研发战略和引进专利技术的战略,后者包括进攻性专利战略、防御性专利战略和为其他企业引入专利竞争对手。

专利运营的内容主要涉及管理机构、人员、信息、技术、市场、权益等多种因素,已形成专利信息处理体系、专利研发体系、专利功能保障体系和专利法律保障体系四大体系。

从实操上来说,专利运营要从全省的实际情况出发。根据青海省发展的不同阶段制定相应的运营策略。从专利管理的角度来说,基于青海省专利运营意识和能力的整体情况,可将其分为初创阶段、成长阶段和成熟阶段,针对不同的发展阶段,应采取不同的、与之相适应的专利管理策略和政策引导策略。

1. 专利分级管理

由于锂电池回收技术领域尚处于发展期,纵观全球全面产品化阶段还未到来,竞争格局还未真正形成,因此相关的诉讼及知识产权纠纷并不多见。但产业化的进程在不断加速,因此,在市场竞争中无论是采用以专利武器主动出击的进攻型策略来占领市场先机,还是当遭遇专利危机时面对强势竞争对手的专利诉讼攻击而采取高效应对的策略,都需要良好的专利管理能力和适宜的专利分级管理体系。扎实的专利管理工作会为青海省进一步巩固市场、抑制竞争对手发挥极大的作用。从另一个角度来说,在主动发起"专利战"时,应当对涉诉专利的稳定性进行足够多的评估和判断,避免打击不力甚至出现自身专利被无效掉的情况。良好的分级管理体系可以在很大程度上提升工作效率,节约管理成本。研发人员、市场人员和知识产权人员共同讨论制定如技术价值、法律价值、经济价值等高价值专利评价指标及指标权重,建立高价值专利评价体系,并依据评价体系对提交的每件专利申请进行评价,形成评价结果。

关于专利分级体系,不同的主体在管理实践中有不同的标准和权重,设立的分级指标包括发明创新的程度、技术的市场应用价值、技术与主营产品的关联程度等。根据青海省的情况,以下列出一些较为重要的分级考核指标供参考(见表7-4)。

表 7-4　专利分级评价

价值维度	评价内容	定性或定量目标
技术价值	技术先进性	创新程度较高
	技术成熟度	易于大规模产业化
	技术独立性	独立性高（对他方的技术依赖较弱）
	技术不可替代性	不可替代性较高
	技术应用前景和广度	符合行业发展趋势、覆盖领域广
法律价值	法律稳定性	稳定性较高
	保护范围（权利、时间、地域）	范围较大
	不可规避性	较难规避
	侵权可判定性	比较易于判定
	被侵权可能性	他人较易侵权
市场价值	市场需求情况	需求量较为庞大
	市场规模前景	大规模产业化
	市场占有率	占有率较高
	市场竞争力	竞争力较强
	政策适应性	政策鼓励

　　青海省可基于表 7-4 的内容对该领域内的每件专利进行专利分级评价，根据每件专利价值评估结果可识别该领域的核心专利、竞争性专利、支撑性专利和迷惑性专利。核心专利一般包括核心和关键类的产品，此类产品的研发和专利权获得会大大影响主体的发展和利润获取，在竞争上也会加大自身实力，对于核心专利，青海省可开展初步识别专利侵权对象的检索，对可能被侵犯的专利进行稳定性评价；竞争性专利与竞争对手的产品或专利相关，对于该类专利需关注竞争对手专利的更新状况；支撑性专利与上游供应商或下游商家有关；迷惑性专利不在项目上使用，有较多替代方案，对于此类专利，可减少资源投入。

　　青海省可进一步基于上述专利分级评价表，在内部培育形成高价值专利组合，提升专利申请质量，推动青海省技术升级。形成高价值专利，是推动向价值链高端攀升的基础，也是实现稳定的专利保护的基础。而形成高价值专利，需要重点突出以下内容，包括：建立完善的组织管理体系；加快专利信息传播利用；深化专利竞争态势分析；加强专利技术前瞻性布局；强化研发过程专利管理；建立专利申请预审机制；提升专利申请文件撰写质量；加强专利申请后期跟踪。

提升专利申请质量是形成高价值专利的第一步，也是最关键的一步。具体来说，可以从以下几个方面加以提升。

（1）建立专利申请预审机制，建立研发成果披露和审查机制，组织具有一定专利运营和商业规划经验的专家对研发成果的市场需求、商业风险和许可前景进行评估，选择评价结果良好的研发成果，提交完整、充分的技术公开文件，制定专利申请计划。对存在市场缺陷的研发成果提出改进建议。

（2）关注专利撰写质量，检索专利信息和科技文献，充分了解现有技术，确定技术创新点，优化权利要求分配，确定合理权利要求范围，围绕同一技术方案从不同角度申请产品和工艺专利，形成能够全面、系统地保护创新成果的专利。

（3）加强专利申请后续工作，认真阅读审查意见内容，分析审查意见和引用的对比文件，与研发人员深入沟通，提出申请文件修改建议，撰写意见陈述，积极争取最大权益，确保专利保护范围合理稳定。

（4）充分运用专利制度优势，设计合理布局，进行全面保护。在现有专利制度下尽量采用相似设计合案申请，以扩大同类型产品的保护范围，同时减小后续可能被自身专利无效的风险。

（5）注重专利储备和二次设计创新，充分检索和分析该领域现有国内外专利现状，关注现有外观设计现状，合理参考一些尚未在中国申请专利保护的国外专利技术或因专利地域、时效性等原因已过期的国内外专利技术。注重设计创新，在了解、梳理和总结国内外专利设计的基础上予以消化吸收，力争能在现有设计的基础上进行再创新，形成有效二次专利。

2. 加强协同创新

协同创新是青海省迅速提升自身竞争实力的有效手段之一，协同创新可以有效利用资源优势，整合资源实现共赢。各企业在生产经营活动中往往都有自身的优势与劣势，有的企业生产线完备，但技术创新能力却有限，高等院校和科研院所等具备超强的技术创新能力，但是不具备大规模产业化的能力，这种情况下，协同创新可以有效利用资源，节约成本，是实现技术突破最快捷的方式之一。国际上很多巨头公司即使拥有良好的技术基础，也会在适宜的情况下采用协同创新的方式来进一步增强自身的实力。

锂电池回收是一项综合性技术，需要电学、化学、物理、机械结构等学科进行综合研究。从产业发展来看，从事锂电池回收的企业来自各行各业，从上游设备到下游产品。

（1）建立本土化企业联盟。面对专利壁垒，国内许多行业协会和产业联盟都做出了实实在在的行动。例如，应在行业发展、关键技术和重点企业培育的基础上建立标准化体系，建立行业专利库，促进内部专利管理和外部许可授权。然而尽管在各个地区建立了专利池并取得了一定的成果，但还不够显著，主要原因是缺乏专利运营人员和高价值专利。中南大学、邦普循环、中国科学院过程所等均为国内研发的龙头代表，故建议以龙头代表为主，联合其他在该领域有一定专长的技术主体，建立有关锂电池回收的专利联盟，专利联盟可以在一定程度上弥补专利技术保护过少的弱点，内部企业之间的专利可以交叉许可和向外部的企业批量许可。专利联盟可以建立"锂电池回收共享基础"专利池。例如，作为国内领先企业，邦普循环拥有大量的锂电池回收专利，并通过收购高价值专利加强其专利储备，以在该行业建立庞大的专利池。联盟成员可以贡献自己的核心专利来建立专利池，避免研发资源浪费，使联盟成员的技术领先于行业其他企业，提高企业竞争力。同时，注重培养具有专利知识的研发人才、管理人才和运营人才。此外，由于专利权本身是一种法律垄断，有必要防止和限制其滥用。青海省可以借助专利联盟达到专利合理布局、防御侵权行为的目的。青海省还可以引进联盟企业的先进专利技术，对其进行吸收创新，实现技术实力的提升；青海省也可以通过利用专利池解决单个企业抗风险能力差的问题，还可以有效应对技术壁垒。

（2）跨界合作。为了加强创新，许多企业已进入其他部门（如电工行业等）寻求多元化发展。青海省可与连接产业链上下游的企业开展跨境合作，促进技术多样化和创新。

（3）加强产学研合作。在知识经济时代，企业单纯依靠内部资源的传统创新模式已经难以适应技术日新月异的市场环境。以高等院校为主导的产学研合作创新逐渐成为激烈市场竞争的有效创新模式。一批科研院所与高等院校开展产学研合作，获得了重要核心原材料的知识产权，拥有了强大的专利池和技术壁垒。

在产学研合作方面，青海省可成立"锂电池回收工程研究中心"，并与企业或高等院校合作建设锂电池回收、应用联合实验室，加强产学研合作，协同加快创新步伐。基于锂电池回收领域具有技术门槛不高的特点，青海省可加大产学研合作的力度，通过专利权转让的方式实现成果转化。

3．优化区域创新人才链

创新需要优秀的人才，高水平的人才是激励创新的重要因素，是锂电池回收产业创新和技术突破的根本和关键，加大创新人才资源的供给，面向全球引进和聚集锂电池回收及应用的创新人力资源，构建适合青海省锂电池回收产业需求的人才生态链，对区域锂电池回收产业创新竞争和综合实力的提升起着至关重要的作用。从锂电池回收产业宏观数据和具体行业的微观角度来看，相关专业人才来源单一，技术人才相对集中，且流动性较大。锂电池回收产业的分析显示，青海省排名前 10 位的发明人均来自中国科学院青海盐湖研究所，其中包含了在读硕士和博士研究生。吸引人才成为政府的重要工作，青海省应充分利用区域内资源优势，以柔性引进人才的方式吸引全国各地的优秀知名高层次人才，同时利用各种灵活的方式提供中短期服务。

综合以上分析，专利布局是一个有延续性、阶段性且分周期进行的工作，要视研发动向、市场态势以及产业生态格局而变。由于动力电池的退役，接踵而来的专利诉讼将会成为各企业防堵对手的重要手段。各企业为了避免落入专利地雷的陷阱中，聚焦产业核心技术，在锂电池回收技术领域展开专利布局。因此，青海省需要阶段性地展开专利检索和专利挖掘，形成与产品战略和市场战略相匹配的专利布局。

由于青海省在锂电池回收技术领域专利布局较少，仅在物质回收和修复再生技术上有一些专利申请，因此需要注意加强在锂电池回收工艺、设备和方法上的专利覆盖。可针对技术热点，在修复工艺、回收工艺方面进行规避设计，防止步入竞争对手的雷区。

从专利运营角度来看，在专利分级管理方面，青海省可以参照专利分级评价表，结合青海省现有技术、产品、专利、市场及法律的实际状况，建立适合青海省的分级分类管理制度。对每项专利的价值应在提交前进行评估。在专利管理过程中，要从源头上充分管理知识产权，防止无形资产流失。在加强协同创新方面，青海省可以通过建立地方联盟、跨界合作、加强产学研合作和专利商业化运作，实现资源整合，增强技术自主创新，实现知识产权的商业价值。

参考文献

［1］ 白旻，张旻昱，王晓超. 碳中和背景下全球新能源汽车产业发展政策与趋势［J］.
信息技术与标准化，2021（12）：13-20.

［2］ C.哈尼施，B.韦斯特法尔，W.哈泽尔里德，等. 用于处理用过的电池、特别是能
充电的电池的方法和电池处理设备：CN107636875A［P］. 2018-01-26.

［3］ 曹宏斌，谢勇冰，张西华，等. 一种锂离子电池正极废料中金属的浸出及回收方
法：CN104868190A［P］. 2015-08-26.

［4］ 陈军. 一种废旧锂电池成套回收装置：CN108511838A［P］. 2018-09-07.

［5］ 陈军. 废旧锂电池成套回收装置：CN208208921U［P］. 2018-12-07.

［6］ 陈庆，廖健淞. 一种锂电池的正极及电解液混合回收方法：CN107910610B［P］.
2019-06-28.

［7］ 陈庆，廖健淞. 一种锂电池的正极及电解液混合回收方法：CN107910610A［P］.
2018-04-13.

［8］ 陈轶嵩，赵俊玮，乔洁，等. 我国电动汽车动力电池回收利用问题剖析及对策建
议［J］. 汽车工程学报，2018，8（2）：97-103.

［9］ 程前，林美端，郑雅琴，等. 一种废旧锂离子电池电解液资源化利用和无害化处
理方法及装置：CN104852102B［P］. 2017-03-08.

［10］ 戴长松，穆德颖，刘元龙. 废旧锂离子电池电解液的二氧化碳亚临界萃取回收再
利用方法：CN105406146B［P］. 2018-10-30.

［11］ 代辉. 一种废锂离子电池电解液的回收处理方法：CN110176646B［P］. 2020-
07-24.

［12］ 丁辉. 美国动力电池回收管理经验及启示［J］. 环境保护，2016，44（22）：

69-72.

[13] 中国物资再生信息网. 动力电池回收发展现状及面临主要问题 [J]. 中国资源综合利用, 2016, 34 (10): 9-12.

[14] 戴丽. 新能源汽车动力电池回收知易行难 [J]. 节能与环保, 2018 (2): 26-33.

[15] 杜凯, 马宏珺, 张博, 等. 特斯拉汽车公司专利申请信息分析 [J]. 中国高新技术企业, 2016 (7): 189-190.

[16] 冯晓青. 企业专利战略基本问题之探讨 [J]. 河南社会科学, 2007 (3): 91-95.

[17] 冯晓青. 对企业专利战略几个问题的探讨 [J]. 绍兴文理学院学报 (哲学社会科学版), 2001 (4): 72-75.

[18] 付元鹏. 微波辅助废旧锂电池电极材料有价金属提取与重组基础研究 [D]. 徐州: 中国矿业大学, 2021.

[19] 高红立, 林武, 高峰, 等. 电动汽车退役电池包整包梯次利用的关键技术-CAN通讯协议 [J]. 电气传动自动化, 2018, 40 (2): 21-24.

[20] 高桂兰, 贺欣, 李亚光, 等. 废旧车用动力锂离子电池的回收利用现状 [J]. 环境工程, 2017, 35 (10): 135-140.

[21] 葛志浩, 颜辉. 国内动力电池梯次回收利用发展简述 [J]. 中国资源综合利用, 2020, 38 (5): 91-96.

[22] 龚丽锋, 曹栋强, 王向阳, 等. 一种镍钴锰酸锂三元聚合物电池正极废料回收方法: CN108172925A [P]. 2018-06-15.

[23] 顾鹏, 江璐. 锂电池材料迭代, 将突破"一长一低两高" [J]. 环境经济, 2020 (5): 32-39.

[24] 郭学钊. 动力电池回收利用法律问题研究 [D]. 北京: 北京理工大学, 2015.

[25] 郭家昕, 叶锦和, 王之元, 等. 新能源汽车动力电池回收面临困境及解决方案 [J]. 时代汽车, 2018 (8): 48-49.

[26] 韩晓改, 张俊喜, 范靖康, 等. 废旧锂离子电池电解液回收处理方法综述 [J]. 电池, 2021, 51 (2): 205-208.

[27] 何宏恺, 王粤威, 陈朝方, 等. 废旧动力锂电池回收利用技术的进展 [J]. 广州化学, 2014, 39 (4): 81-86.

[28] 何仕超, 刘志宏, 夏隆巩, 等. 一种从废旧锂离子电池正极材料中回收有价金属

的方法：CN108767354B［P］. 2021-02-26.

［29］贺理珀，孙淑英，于建国. 退役锂离子电池中有价金属回收研究进展［J］. 化工学报，2018，69（1）：327-340.

［30］横田拓也，伊藤顺一. 锂离子电池废料的浸出方法及来自于锂离子电池废料的金属的回收方法：CN111004919A［P］. 2020-04-14.

［31］侯兵. 电动汽车动力电池回收模式研究［D］. 重庆：重庆理工大学，2015.

［32］胡超. 国轩高科大股东减持动因及其影响研究［D/OL］. 重庆：西南大学，2020. DOI：10.27684/d. cnki. gxndx. 2020.004253.

［33］胡国琛，胡年香，伍继君，等. 锂离子电池正极材料中有价金属回收研究进展［J］. 中国有色金属学报，2021，31（11）：3320-3343.

［34］胡兰. 美、日、德动力电池回收体系［J］. 能源研究与利用，2018（2）：24，26.

［35］纪效波，邱雪景，侯红帅，等. 一种废旧锂离子电池正极材料高效回收与再生的方法：CN112117507A［P］. 2020-12-22.

［36］纪效波，邱雪景，侯红帅，等. 废旧锂离子电池有价金属回收与正极材料再生的工艺：CN112607789A［P］. 2021-04-06.

［37］江洪，陈亚杨，刘义鹤. 国际锂离子电池回收技术路线及企业概况［J］. 新材料产业，2018（3）：26-30.

［38］江友周，王宜，李淑珍，等. 退役锂电池有价金属湿化学分离技术研究进展［J］. 化学工业与工程，2021，38（6）：23-33.

［39］赖延清，杨声海，王麒羽，等. 一种从废旧镍钴锰三元锂离子电池中回收、制备三元正极材料的方法：CN106848470B［P］. 2019-07-02.

［40］赖延清，张治安，闫霄林，等. 一种废旧锂离子电池电解液回收方法：CN106684487B［P］. 2019-07-02.

［41］蓝庆新. 日本发展循环经济的法律体系借鉴［J］. 经济导刊，2005（10）：90-92.

［42］黎宇科，高洋. 德国动力电池回收利用经验及启示［J］. 资源再生，2013（10）：48-50.

［43］李备鑫. 新能源汽车电池包全生命周期溯源管理系统［D/OL］. 南昌：南昌大学，2020. DOI：10.27232/d. cnki. gnchu. 2020.002400.

［44］李建林，李雅欣，吕超，等. 退役动力电池梯次利用关键技术及现状分析［J］.

电力系统自动化, 2020, 44 (13): 172-183.

[45] 李敬, 杜刚, 殷娟娟. 退役电池回收产业现状及经济性分析 [J]. 化工学报, 2020, 71 (S1): 494-500.

[46] 李兰兰, 王甲琴, 陈天翼, 等. 一种利用超声强化萃取法分离回收废旧动力锂电池中电解液的方法: CN110649344A [P]. 2020-01-03.

[47] 李兰兰, 王甲琴, 陈天翼, 等. 一种废旧动力锂电池全组分清洁回收方法: CN110635191A [P]. 2019-12-31.

[48] 李万波. 日本引领和支撑循环经济发展的科技政策研究 [D]. 合肥: 合肥工业大学, 2007.

[49] 李雪早. 新能源汽车动力电池回收利用浅析 [J]. 汽车维护与修理, 2018 (19): 1-9.

[50] 李亚春. 储能电池回收利用国际比较 [J]. 现代经济信息, 2019 (15): 362-363, 392.

[51] 李之钦, 李商略, 庄绪宁, 等. 微波焙烧强化废锂离子电池中的金属回收研究 [J]. 中国环境科学, 2021 (10): 4712-4719.

[52] 令狐磊, 阳杨, 毛小英. 基于文献和专利分析锂电池回收发展趋势 [J]. 再生资源与循环经济, 2018, 11 (10): 9-11.

[53] 刘诚, 陈宋璇, 等. 废旧动力电池回收关键技术探讨 [J]. 中国有色冶金, 2018, 47 (2): 44-48, 62.

[54] 刘慧丽. 废旧新能源动力电池回收体系研究 [D]. 上海: 上海第二工业大学, 2020.

[55] 刘葵, 王红强, 李庆余, 等. 一种废旧锂离子电池中电解液的回收方法: CN108808156B [P]. 2020-10-16.

[56] 鲁成明, 虞鑫海, 王丽华. 国内外锂离子电池隔膜的研究进展 [J]. 电池工业, 2019, 23 (2): 101-105.

[57] 苗雪丰. 我国车用动力电池循环利用模式研究 [D]. 北京: 华北电力大学 (北京), 2019.

[58] 彭灿, 颜祥军, 汤依伟, 等. 一种分离装置、剥离装置以及电池正极的回收方法: CN110416653B [P]. 2021-08-24.

[59] 彭正军, 王敏, 祝增虎, 等. 一种从废旧锂电池中回收正极并再生修复的方法及系统: CN110165324B [P]. 2021-07-16.

[60] 彭正军，王敏，祝增虎，等. 从边角废料和次品中回收制备复合正极材料的方法及系统：CN110265742A［P］. 2019-09-20.

[61] 丘克强，孙亮. 一种回收废旧锂离子电池正极材料有价金属预处理的方法：CN101969148A［P］. 2011-02-09.

[62] 史纹瑞. 车用锂离子电池正负极材料回收利用的现状及探讨［J］. 汽车实用技术，2019（2）：27-30.

[63] 孙嘉遥，郭双桃. 动力电池回收利用浅析［J］. 新材料产业，2017（4）：53-57.

[64] 孙玮. 我国新能源汽车产业发展的国际经验借鉴［D］. 长春：吉林财经大学，2019.

[65] 孙峙，郑晓洪，林晓，等. 一种正极材料中金属组分的选择性浸出剂及回收方法：CN107230811A［P］. 2017-10-03.

[66] 孙峙，林娇，刘春伟，等. 一种选择性回收锂离子电池正极材料的方法：CN108832215B［P］. 2020-07-31.

[67] 孙峙，郑晓洪，杨勇霞，等. 一种浸出废磷酸铁锂正极材料中锂的方法：CN108461857A［P］. 2018-08-28.

[68] 王萍，刘波，高二平，等. 车用动力电池回收利用标准的现状及建议［J］. 电池，2020，50（3）：280-283.

[69] 王思琪. 碳达峰背景下动力电池回收生产者责任延伸制度立法问题研究［J］. 法制博览，2021（30）：5-9.

[70] 王苏杭，李建林，李雅欣，等. 锂离子电池系统低温充电策略［J］. 储能科学与技术，2022，11（5）：1537-1542.

[71] 王雪. 一种废旧磷酸铁锂电池中回收锂的方法：CN106848472B［P］. 2021-06-04.

[72] 吴彩斌，李献帅，赵捷明，等. 废弃锂离子电池资源化研究现状及发展趋势［C］//环境工程2017增刊2，2017：255-259.

[73] 肖武坤，张辉. 中国废旧车用锂离子电池回收利用概况［J］. 电源技术，2020，44（8）：1217-1222.

[74] 解涌. 日本发展循环经济的法律体系借鉴［J］. 中国包装工业，2006（5）：56-58.

[75] 工业和信息化部节能与综合利用司. 新能源汽车动力蓄电池回收利用调研报告

[J]. 广西节能, 2019 (1): 22-23.

[76] 许开华. 一种锂电池拆解平台: CN107248598A [P]. 2017-10-13.

[77] 许开华, 龚道年, 王家良. 一种废旧锂电池的拆解回收系统: CN208208918U [P]. 2018-12-07.

[78] 许开华, 龚道年, 王家良. 一种废旧锂电池的拆解回收系统及拆解回收方法: CN108461855A [P]. 2018-08-28.

[79] 杨幸, 彭灿, 鲁生勇. 一种锂离子电池有价金属回收系统: CN208444918U [P]. 2019-01-29.

[80] 杨幸, 鲁生勇, 彭灿, 等. 一种锂离子电池回收备料系统: CN208400992U [P]. 2019-01-18.

[81] 杨越, 孙伟, 胡岳华, 等. 一种废旧锂离子电池负极材料资源化的方法: CN107959079B [P]. 2020-11-20.

[82] 杨越, 孙伟, 胡岳华, 等. 一种废旧锂离子电池负极材料资源化的方法: CN107959079A [P]. 2018-04-24.

[83] 杨越, 易晨星, 伍喜庆, 等. 一种锂离子电池负极材料回收利用方法: CN110690519A [P]. 2020-01-14.

[84] 岳鹏程. 废旧锂离子电池中有价金属回收的现状及展望 [J]. 世界有色金属, 2021 (12): 216-218.

[85] 张超, 廖青云, 路璐, 等. 锂电池回收产业发展报告 [J]. 高科技与产业化, 2019 (3): 36-45.

[86] 张长令. 加快动力电池回收利用体系建设的问题及对策 [J]. 汽车纵横, 2018 (1): 58-61.

[87] 张春燕. 论循环经济法律制度建设 [D]. 长沙: 湖南大学, 2007.

[88] 张大成, 王俊. 新能源汽车动力电池回收利用模式分析 [J]. 汽车维护与修理, 2018 (21): 1-12.

[89] 张嘉. 锂离子动力蓄电池绿色制造下的供应链决策研究 [D/OL]. 徐州: 中国矿业大学, 2020. DOI: 10.27623/d.cnki.gzkyu.2020.000757.

[90] 张佳峰, 李鹏飞, 欧星. 一种回收废旧锂离子电池中有价金属的方法: CN111733328B [P]. 2021-04-27.

[91] 张健, 张成斌. 动力电池回收再利用相关问题研究 [J]. 交通建设与管理, 2016 (16): 44-51.

[92] 张西华. 锂离子电池正极废料中镍钴锰酸锂的短程清洁循环技术 [D]. 北京：中国科学院过程工程研究所, 2015.

[93] 张晓东. $LiMO_2-NaHSO_4 \cdot H_2O$（M＝Ni、Co、Mn）体系焙烧过程的化学转化研究 [D]. 兰州：兰州理工大学, 2019.

[94] 张旭琦. 天津市政府电动汽车动力电池回收监管研究 [D]. 大连：大连海事大学, 2020.

[95] 张亚莉, 王鸣, 陈霞, 等. 利用废旧锂离子电池三元正极材料制备三元材料前驱体及回收锂的方法：CN108878866B [P]. 2020-11-17.

[96] 张治安, 赖延清, 王麒羽, 等. 一种从废旧镍钴锰三元锂离子电池回收、制备镍钴锰铝四元正极材料的方法：CN106785177B [P]. 2019-04-05.

[97] 赵林, 龙泽彬, 赵澎, 等. 一种从废旧磷酸铁锂电池正极材料中回收有价金属的方法：CN108110357B [P]. 2020-07-17.

[98] 赵秋雅. 新能源汽车动力电池回收策略研究 [D]. 北京：北京理工大学, 2018.

[99] 肇巍, 胡曦, 王梦, 等. 一种电池电芯粉末中六氟磷酸锂的高效去除方法：CN109672002B [P]. 2020-10-16.

[100] 赵新楠, 张艳会. 动力电池生产者责任延伸制度的研究 [J]. 中国资源综合利用, 2018, 36 (7): 114-121.

[101] 赵煜娟, 夏明华, 于洋, 等. 失效动力锂离子电池再利用和有用金属回收技术研究 [J]. 再生资源与循环经济, 2014, 7 (7): 27-31.

[102] 甄爱钢, 马佳, 余心亮, 等. 一种废旧锂离子电池拆解回收方法：CN109473747A [P]. 2019-03-15.

[103] 甄爱钢, 李靖, 詹稳, 等. 一种废旧锂离子电池炭化处理系统：CN110194957A [P]. 2019-09-03.

[104] 周立山, 刘红光, 叶学海, 等. 一种回收废旧锂离子电池电解液的方法：CN102496752B [P]. 2013-08-28.

[105] 郑旭, 郭汾. 动力电池模型综述 [J]. 电源技术, 2019, 43 (3): 521-524.

[106] 郑学同, 陈艳丽, 魏萌, 等. 一种采用超临界二氧化碳流体回收锂离子电池电解液的方法：CN108288738B [P]. 2021-03-23

[107] 钟雪虎, 焦芬, 刘桐, 等. 废旧锂离子电池回收工艺概述 [J]. 电池, 2018, 48 (1): 63-67.

[108] 祝宏帅, 李刚, 陈郑阳, 等. 废旧锂离子电池电解液的回收方法：

CN108631017B［P］. 2020-06-23.

［109］朱晓辉, 苗萌, 张宝. 失效方形锂离子电池负极石墨材料的回收再利用方法：
CN105186059A［P］. 2015-12-23.

［110］朱兆武, 易爱飞, 齐涛. 磷酸铁锂电池电极材料的综合利用方法：
CN109167118A［P］. 2019-01-08.

致　谢

本书在进行资料收集和撰写修改的过程中，得到了各方领导、同事、朋友的支持和帮助，在此向大家致以最诚挚的感谢！

首先感谢中国工业节能与清洁生产协会副会长、新能源电池回收利用专业委员会主任李力，李力主任在锂电池领域已经深耕多年，熟悉行业政策并拥有丰厚的理论基础与实践经验。在本次专题研究过程中，李力主任给予了很多专业指导并为本书作序，使研究团队备受激励。

感谢青海省科学技术厅"青海省十大国家级科技创新平台培育建设"项目的资助。

感谢本书的顾问专家，他们是青海省知识产权局局长赵海涛，副局长贾成林、吕靖、徐征环，中国科学院科技促进发展局知识产权管理处梁栋，他们结合自身丰富的知识储备和多年的研究经验为本书提出了很多建设性意见和建议。

感谢中国科学院青海盐湖研究所各位领导和同事在工作期间对我的热情鼓励和对本书出版提供的大力支持。

感谢项目研究和著作编写团队万派技术转移（长春）有限公司倪颖，中国科学院宁波材料技术与工程研究所高洁，姑苏实验室王鹏飞，中国科学院长春应用化学研究所王瑜，中国科学院青海盐湖研究所李雷明、王月恒、苏一帆、逯启昌、权朝明、姜莹莹、任静、梁丹、侯殿保、朱广琴、宋雪雪、高春亮、闵秀云、周馨，青海中科盐湖科技创新有限公司赵润身、吕向颖，中国科学院西北生态环境资源研究院陈文娟和中国工业节能与清洁生产协会新能源电池回收利用专业委员会李海涛，团队成员根据分工和自身所长，密切配合、团结协作，使得本书得以顺利付梓。

感谢本书的编辑校对人员，几位老师面对如此庞大的工作量，认真细致地审读处理每个文字和图表数据，对本书的文字和图片以及版式设计方面做了大量的优化和改进，最终使得本书能够与读者见面。

特别感谢万派技术转移（长春）有限公司邹志德，邹老师在项目策划阶段付出了大量心血，提出了很多建设性意见和建议。项目启动后正待大展拳脚之时，邹老师却于 2022 年 8 月 17 日下午因病猝然离世，令大家震惊不已、悲痛万分。斯人已逝，幽思长存。谨以此书，纪念离我们远去的邹老师，感谢邹老师多年来对我的支持和帮助！

因作者水平和编写团队能力有限，加之各方面条件存在一些不足，本书可能仍存在部分谬误之处，敬请各位专家和广大读者批评指正。